中国电子教育学会高教分会推荐

普通高等教育电子信息类"十三五"课改规划教材

单片机原理及其 C 语言程序设计

主　编　左现刚　刘艳昌　贾　蒙

副主编　孔琳琳　丁佰成　张志霞

U0271581

西安电子科技大学出版社

内 容 简 介

本书从实际应用入手，以实验、实践案例和项目为主导，由浅入深，循序渐进地对单片机的功能及其典型应用进行了讲述，对书中涉及到的每项功能都给出了电路原理图和正确的 C51 实例代码。全书共分 7 章，内容涵盖 MCS-51 单片机基础知识、MCS-51 单片机 C 语言程序设计、MCS-51 单片机常用外围模块以及 MCS-51 单片机综合应用实例。

本书不同于传统讲述单片机的书籍，内容丰富，实用性强。书中大部分内容均来自科研工作和教学实践，许多 C 语言代码可以直接应用到工程项目中。书中所有实例代码均以实际硬件实验板实验现象为依据，从 C 语言程序来分析单片机原理，使读者能够从实际应用中彻底理解和掌握单片机。

本书适合作为高等院校电子信息类和机电类等专业的单片机课程教材，也可作为高校大学生创新基地培训、单片机课程设计、毕业设计和大学生电子设计竞赛的参考用书。本书还适合 MCS-51 单片机初学者和从事 MCS-51 单片机的项目开发技术人员，也可供从事自动控制、智能仪器仪表、电力电子和机电一体化等专业技术人员参考。

图书在版编目(CIP)数据

单片机原理及其 C 语言程序设计/左现刚，刘艳昌，贾蒙主编.

—西安：西安电子科技大学出版社，2016.9(2017.2 重印)

普通高等教育电子信息类"十三五"课改规划教材

ISBN 978-7-5606-3341-1

Ⅰ. ① 单… Ⅱ. ① 左… ② 刘… ③ 贾… Ⅲ. ① 单片微型计算机—C 语言—程序设计

—高等学校—教材 Ⅳ. ① TP368.1 ② TP312

中国版本图书馆 CIP 数据核字(2014)第 080887 号

策　　划　毛红兵
责任编辑　毛红兵
出版发行　西安电子科技大学出版社（西安市太白南路 2 号）
电　　话　(029)88242885　88201467　邮　编　710071
网　　址　www.xduph.com　　　电子邮箱　xdupfxb001@163.com
经　　销　新华书店
印刷单位　陕西利达印务有限责任公司
版　　次　2016 年 9 月第 1 版　2017 年 2 月第 1 次印刷
开　　本　787 毫米×1092 毫米　1/16　印张 15.75
字　　数　377 千字
印　　数　501～3500 册
定　　价　32.00 元

ISBN 978 – 7 – 5606 – 3341 – 1 / TP

XDUP 3633001−2

＊ ＊ ＊ 如有印装问题可调换 ＊ ＊ ＊

前　言

　　本书是一本专门讲解单片机原理及其 C 语言编程的教材，整体结构采用循序渐进的方式，同时从教学和应用的角度出发，结合作者多年来在教学和科研实践中所取得的经验。全面系统地介绍了单片机原理及使用 C 语言进行设计与应用的基本问题，是一本重在应用并兼顾理论的实用教材。使读者对嵌入式系统的开发有一个整体的了解，作者认为通过本书的学习会节约读者掌握嵌入式应用的时间，同时可以更深入地理解单片机的 C 语言编程机制，让大家能即学即用，使所学知识更加扎实。

　　本书共分 7 章，主要内容包括：单片机概述、MCS-51 单片机基础、MCS-51 单片机的内部资源、MCS-51 单片机的 C 程序设计基础、uVision2 集成开发环境、MCS-51 单片机内部资源的 C 语言程序设计以及单片机常用外部资源的 C 语言程序设计。

　　本书由左现刚、刘艳昌、贾蒙担任主编，孔琳琳、丁佰成、张志霞担任副主编。参加本书讨论和编写工作的其他人员还有白林峰、张海燕、李纲等。最后由左现刚负责全书的修改和定稿工作。

　　本书在编写过程中得到了许多同事、老师及西安电子科技大学出版社工作人员的指导与点评，并提出中肯的修改意见；本书也参考了一些相关教材和技术资料，在此，我代表所有参编人员表示由衷的感谢。

　　由于时间仓促，加之编者水平有限，书中难免存在一些不足和纰漏，恳请广大读者批评、指正。

编　者

2016 年 6 月

目　录

第 1 章 概 述

1.1 嵌入式系统概述

单片机和嵌入式系统在国民经济很多领域中得到广泛的应用，从农业、工业到家庭日常生活。绝大多数电子产品都属于嵌入式系统，从航空航天设备，到袖珍的数码产品，直至可以进入人体的电子药丸，嵌入式产品已深入到人们生活的方方面面。

嵌入式系统是以应用为中心，以计算机技术为基础，软件、硬件可裁剪，适用于应用系统对功能、可靠性、成本、体积、功耗等有严格要求的专用计算机系统。

嵌入式系统的出现已有 30 多年。近几年来，随着计算机、通信、消费电子融合趋势的日益明显，嵌入式系统已成为一个研究热点。

纵观嵌入式系统的发展，大致经历了四个阶段：

第一阶段：以单芯片为核心的可编程控制器形式的系统。这类系统具有与监测、伺服设备相配合的功能，大部分应用于一些专业性强的工业控制系统中，一般没有操作系统的支持，通过汇编语言编程对系统进行直接控制。其主要特征是：系统结构和功能相对单一，处理效率较低，存储容量较小，几乎没有用户接口。

第二阶段：以嵌入式 CPU 为基础，以简单操作系统为核心的嵌入式系统。其主要特点是：CPU 种类繁多；系统内核小，效率高；操作系统具有一定的兼容性和扩展性；应用软件较专业。但这类系统通用性比较弱，用户界面不够友好。

第三阶段：以嵌入式操作系统为标志的嵌入式系统。其主要特点是：嵌入式操作系统能运行在各种不同类型的微处理器上，兼容性好；系统内核小、效率很高，具备文件和目录管理、多任务、网络支持、图形窗口以及用户界面等功能；有大量的应用程序接口 API，开发应用程序较简单；嵌入式应用软件丰富。

第四阶段：以互联网为标志的嵌入式系统。目前很多嵌入式系统仍然孤立于互联网之外，但随着互联互通时代的来临，工业控制技术和信息家电与互联网的结合是未来嵌入式系统的发展方向。目前，很多公司致力于 M2M(机器对机器)通信技术，IBM 还推出了"智慧星球"计划，这些都标志着嵌入式技术已进入到新的层次。

1.2 嵌入式系统的组成

典型的嵌入式系统一般包括嵌入式处理器、存储器、操作系统、应用程序和输入/输出设备等几大部分,如图 1-1 所示。

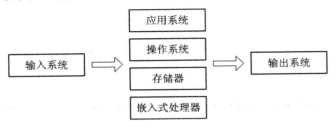

图 1-1　典型的嵌入式系统组成框图

嵌入式系统的核心由硬件部分和软件部分组成。输入系统获取外界信息,传输给核心系统进行处理,核心系统处理后发出指令,输出系统接收到指令后进行动作。输入系统和输出系统可以很简单,如温控系统在感知温度变化后需要使用继电器动作;也可能很复杂,如机器人的手臂,输入系统有几十个传感器,输出系统则有近十个伺服电机,可以执行复杂的动作。

从图 1-1 中可以看出,嵌入式系统的组成可以简单地分为嵌入式处理器和存储器。实际上,由于超大规模集成电路的迅速发展,很多单片的嵌入式处理器中都含有丰富的硬件资源。目前,在一片嵌入式处理器上添加电源电路、时钟电路和存储器电路,就构成了一个嵌入式核心控制模块。软件中的操作系统和应用程序都可以存放在存储器中。

单片机是典型的嵌入式系统,从体系结构到指令系统都是按照嵌入式应用特点专门设计的,能最好地满足面向控制对象、应用系统的嵌入、现场的可靠运行以及对控制品质的要求等条件,因此单片机系统是发展最快、品种最多、数量最大的嵌入式系统。

1.3　单片机的特点

单片机是微型化的计算机,它体积小、价格低、应用方便、稳定可靠,是工业自动化等领域的一场重大革命和技术进步。

由于单片机本身就是一个微型计算机,因此只要在它的外部适当增加一些必要的外围扩展电路,就可以灵活地构成各种应用系统,如工业自动检测监视系统、数据采集系统、自动控制系统、智能仪器仪表等。

单片机应用如此广泛,是因为其具有以下优点:

(1) 功能齐全,应用可靠,抗干扰能力强。

(2) 简单方便,易于普及。单片机技术是易掌握的技术。应用系统设计、组装、调试已经是一件很容易的事情,工程技术人员通过学习可以很快掌握其应用设计技术。

(3) 发展迅速,前景广阔。短短几十年,单片机经过 4 位机、8 位机、16 位机、32 位机等几大发展阶段。集成度高、功能日臻完善的单片机不断问世,使单片机在工业控制及工业自动化领域获得长足发展和大量应用。目前,单片机内部结构愈加完善,片内外围功能部件越来越完善,为其向更高层次和更大规模发展奠定了坚实的基础。

(4) 嵌入容易、用途广泛、体积小、性能价格比高、应用灵活性强等特点在嵌入式微控制系统中具有十分重要的地位。

单片机出现前，制作一套测控系统，需要大量的模拟电路、数字电路、分立元件，以实现计算、判断和控制功能。系统的体积庞大，线路复杂，连接点多，易出现故障。

单片机出现后，测控功能的绝大部分由单片机的软件程序实现，其他电子线路则由片内的外围功能部件来替代。

1.4 单片机的应用

由于单片机具有软硬件结合、体积小、容易嵌入到各种应用系统中等优点，故单片机得到十分广泛的应用。

1. 工业检测与控制

在工业过程控制、智能控制、设备控制、数据采集和传输、测试、测量、监控等工业自动化的领域中，机电一体化技术将发挥愈来愈重要的作用，在这种集机械、微电子和计算机技术为一体的综合技术(如机器人技术)中，单片机发挥着非常重要的作用。

2. 仪器仪表

目前，市场对仪器仪表的自动化和智能化要求越来越高。单片机的使用有助于提高仪器仪表的精度和准确度，简化结构，减小体积而易于携带和使用，加速仪器仪表向数字化、智能化、多功能化方向发展。

3. 消费类电子产品

在日常的消费类电子产品中，例如，白色家电、电风扇、微波炉、消毒柜等，嵌入了单片机后，大大提高了产品的功能和性能，给人类的生活带来了便利。。

4. 通信

在调制解调器、各类手机、传真机、程控电话交换机、信息网络及各种通信设备中，单片机也已经得到广泛应用。

5. 各种终端及计算机外部设备

计算机网络终端(如银行终端)以及计算机外部设备(如打印机、硬盘驱动器、绘图机、传真机、复印机等)中都使用了单片机作为控制器。

6. 汽车电子设备

单片机已经广泛地应用在各种汽车电子设备中，如汽车安全系统、汽车信息系统、智能自动驾驶系统、卫星导航系统、汽车紧急请求服务系统、汽车防撞监控系统、汽车自动诊断系统以及汽车黑匣子等。

从工业自动化、自动控制、智能仪器仪表、消费类电子产品等方面，直到国防尖端技术领域，单片机都发挥着十分重要的作用。

1.5 单片机的发展历史

单片机按其处理的二进制位数主要分为：4 位单片机、8 位单片机、16 位单片机和 32

位单片机，其发展大致分为四个阶段：

第一阶段(1974 年~1976 年)：单片机初级阶段。因工艺限制，单片机采用双片的形式，而且功能比较简单。1974 年 12 月，仙童公司推出了 8 位的 F8 单片机，实际上只包括了 8 位 CPU、64 B RAM 和 2 个并行口，功能比较简单。

第二阶段(1976 年~1978 年)：低性能单片机阶段。1976 年 Intel 的 MCS-48 单片机(8 位)极大地促进了单片机的变革和发展，1977 年 GI 公司推出了 PIC1650，但这个阶段单片机仍处于低性能阶段。

第三阶段(1978 年~1983 年)：高性能单片机阶段。1978 年 Zilog 公司推出 Z8 单片机，1980 年 Intel 公司在 MCS-48 系列基础上推出 MCS-51 系列，Mortorola 推出 6801 单片机，使单片机的性能及应用跃上新的台阶。

此后，各公司的 8 位单片机迅速发展，推出的单片机普遍带有串行 I/O 口、多级中断系统、16 位定时器/计数器，片内 ROM、RAM 容量加大，且寻址范围可达 64 KB，有的片内还带有 A/D 转换器。由于这类单片机的性能价格比高，所以被广泛应用，是目前应用数量最多的单片机。

第四阶段(1983 年~现在)：8 位单片机巩固发展及 16 位单片机、32 位单片机推出阶段。16 位典型产品有 Intel 公司的 MCS-96 系列单片机，而 32 位单片机除了具有更高的集成度外，其数据处理速度比 16 位单片机提高许多，性能比 8 位、16 位单片机更加优越。

20 世纪 90 年代是单片机制造业大发展时期，Mortorola、Intel、ATMEL、德州仪器(TI)、三菱、日立、飞利浦、LG 等公司开发了一大批性能优越的单片机，极大地推动了单片机的应用。近年来，又有不少新型的高集成度的单片机产品涌现出来，出现了产品丰富多彩的局面。目前，除 8 位单片机得到广泛应用外，16 位单片机、32 位单片机也得到了广大用户的青睐。

1.6　单片机的使用环境和产品等级

单片机用途广，使用环境差别大，如何保证单片机控制系统或装置的可靠性是设计者和使用者最为关注的问题。作为电子产品而言，其可靠性主要取决于半导体芯片的产品等级。根据运行温度范围，产品等级大致划分为三级，下面分别予以介绍。

1. 军用级

运行温度范围为 −50℃~+125℃，适用于军用产品要求苛刻的应用环境，芯片的价格比较昂贵。例如，Intel 公司的 MCS-51 系列单片机 MD80C51FB，型号以 MD 开头，M 代表军品，D 代表直插封装。

2. 商业级

运行温度范围为 0℃~+70℃，主要限于机房、办公及住宅环境，适用于民用产品，例如家电、玩具等。商业级产品价格低廉，品种齐全，应用最为广泛。

3. 工业级

早期的单片机产品大多为工业级，运行温度范围为 −45℃~+85℃，介于商业级和军用级之间，适宜在工业生产环境下使用，其特点是可靠性远高于商业级，但价格远低于军用级。MCS-51 系列单片机的普通产品均属于工业级。

1.7 单片机的发展趋势

单片机将向大容量、高性能化、外围电路内装化等方面发展。为满足不同用户的要求，各公司竞相推出能满足不同需要的产品。

1. CPU 的改进

(1) 采用双 CPU 结构，提高处理能力。

(2) 增加数据总线宽度，内部采用 16 位数据总线。例如，对于各种 16 位单片机和 32 位单片机，其数据处理能力要优于 8 位单片机。另外，8 位单片机内部采用 16 位数据总线，其数据处理能力明显优于一般 8 位单片机。

(3) 使用串行总线结构。菲利浦公司的 I^2C 总线(Inter-Integrated Circuit)，用两根信号线代替现行的 8 位数据总线。

2. 存储器的发展

随着半导体工艺技术的不断进步，MCU 的 Flash 版本逐渐替代了原有的 OTP 版本。与多次可编程的窗口式 EPROM 相比，Flash MCU 具有以下优点：Flash MCU 的成本要低得多；在系统编程能力以及产品生产方面提供了灵活性，因为 Flash MCU 可在编程后再次以新代码重新编程，可减少已编程器件的报废和库存；有助于生产厂商缩短设计周期，使终端用户产品更具竞争力。

3. 片内 I/O 的改进

(1) 增加了并行口驱动能力，以减少外部的驱动芯片。有的可以直接输出大电流和高电压，以便能直接驱动 LED。

(2) 有些设置了一些特殊的串行 I/O 功能，为构成分布式、网络化系统提供了方便条件。

4. 外围电路内装化

众多外围电路全部装入片内，即系统的单片化是目前发展趋势之一。例如，美国 Cygnal 公司的 CMCS-51F020 8 位单片机，内部采用流水线结构，大部分指令的完成时间为 1 或 2 个时钟周期，峰值处理能力为 25 MIPS。片上集成有 8 通道 A/D、两路 D/A、两路电压比较器、温度传感器、定时器、可编程数字交叉开关和 64 个通用 I/O 口、电源监测、看门狗、多种类型的串行接口(两个 UART、SPI)等。一片芯片就是一个"测控"系统。

5. 低功耗化

单片机日益 CMOS 化，其功耗小，配置有等待状态、睡眠状态、关闭状态等工作方式，消耗电流仅在 μA 或 nA 量级，适于电池供电的便携式、手持式的仪器仪表以及其他消费类电子产品。

总之，单片机正在向多功能、高性能、高速度(时钟达 40 MHz)、低电压(2.7 V 即可工作)、低功耗、低价格、外围电路内装化以及片内程序存储器和数据存储器容量不断增大的方向发展。

本 章 小 结

本章简要介绍了单片机及单片机系统的基本概念、结构特点和发展历程。通过对常用单片机系列、型号的介绍，使读者对单片机的种类及性能有了一个初步的了解，以便在今后的应用中能够选择合适的单片机类型，满足具体用途的需要。另外，本章还从开拓视野的角度列举了单片机在各个领域的应用，以及单片机今后的发展趋势。

习　　题

1. 什么是嵌入式系统？纵观嵌入式系统的发展历程，大致经历了哪些阶段？
2. 典型嵌入式系统硬件一般由哪些部分组成？
3. 单片机的发展大致分为哪几个阶段？
4. 单片机根据其基本操作处理的位数可分为哪几种类型？
5. 单片机主要应用在哪些领域？
6. 什么是单片机？单片机与一般微型计算机相比，具有哪些优点？

第 2 章　MCS-51 单片机基础

　　单片机种类繁多，其功能、结构、性能和应用场合各不相同，其中，Intel 公司的 MCS-51 系列在 8 位单片机市场中占有很大的份额，应用很广，是单片机教学和应用的主要机型。20 世纪 80 年代后期 Intel 公司以专利的形式把 MCS-51 内核技术转让给 AMTEL、PHILIPS、ANALOG、DEVICES、DALLAS，这些厂家在 Intel 公司 MCS-51 内核基础上生产的一系列兼容单片机，与 MCS-51 的系统结构(主要是指令系统)相同，采用 CMOS 工艺并进行了功能扩展，使单片机的应用得以迅速普及。

　　本章主要内容：

- MCS-51 单片机 CPU 内部组成结构及各功能部件的作用
- MCS-51 单片机引脚功能
- 存储器的组织结构
- P0～P3 并行 I/O 口结构
- 时钟电路、CPU 时序和复位电路

2.1　MCS-51 单片机介绍

　　在我国使用最多的 8 位单片机是 Intel 公司的 MCS-51 系列单片机以及与其兼容的单片机称为 51 系列单片机。MCS 是 Intel 公司单片机的系列符号，如 MCS-48、MCS-51、MCS-96 系列单片机。MCS-51 系列是在 MCS-48 系列基础上于 20 世纪 80 年代初发展起来的，是最早进入我国，并在我国得到广泛应用。

　　MCS-51 系列及其兼容机有很多种型号可供选择，如 ATMEL 公司的 ATMCS-51、AT89C52、AT89C55、AT89S51、AT89S52，荷兰 PHILIPS 公司的 8xC552 系列等，它们都以 MCS-51 为内核，具有相同的指令系统，软、硬件设计资料丰富齐全，开发系统完备而且价格便宜。

　　MCS-51 系列单片机及其兼容产品通常分为以下几类：

1. 基本型

　　典型产品：8031/MCS-51/8751。

　　8031 内部包括 1 个 8 位 CPU、128 B RAM、21 个特殊功能寄存器(SFR)、4 个 8 位并行 I/O 口、1 个全双工串行口、2 个 16 位定时器/计数器和 5 个中断源，但片内无程序存储器，需外扩程序存储器芯片。

　　MCS-51 是在 8031 的基础上，片内集成了 4 KB ROM 作为程序存储器，因此 MCS-51

是一个程序不超过 4 KB 的小系统。ROM 内的程序是公司制作芯片时代为用户烧制的。

8751 与 MCS-51 相比,片内集成的 4 KB EPROM 取代了 MCS-51 的 4 KB ROM 作为程序存储器。

2. 增强型

典型产品:8032/8052/8752。

Intel 公司在基本型基础上推出了增强型 52 子系列,典型产品:8032/8052/8752。内部 RAM 增加到 256 B,8052 片内程序存储器扩展到 8 KB,16 位定时器/计数器增至 3 个,6 个中断源,串行口通信速率提高 5 倍。

表 2-1 列出了基本型和增强型的 MCS-51 系列单片机片内的基本硬件资源。

表 2-1 MCS-51 系列单片机片内的基本硬件资源

	型号	片内 ROM	片内 RAM(B)	I/O 口线(个)	定时器/计数器(个)	中断个数(个)
基本型	8031	无	128	32	2	5
	MCS-51	4 KB ROM	128	32	2	5
	8071	4 KB EPROM	128	32	2	5
增强型	8032	无	256	32	3	6
	8052	8 KB ROM	256	32	3	6
	8072	8 KB EPROM	256	32	3	6

3. 低功耗型

典型产品:80C31/80C51/87C51。

采用 CMOS 工艺,适用于电池供电或其他要求低功耗的场合。

4. 专用型

典型产品:8044/8744,用于总线分布式多机测控系统。美国 Cypress 公司的 EZU SR-2100 单片机采用 USB 接口。

5. 超 8 位型

典型产品:PHILIPS 公司 80C552/87C552/83C552 系列单片机。这是一款将 MCS-96 系列(16 位单片机)I/O 部件,如:高速输入/输出(HSI/HSO)、A/D 转换器、脉冲宽度调制(PWM)、看门狗定时器(WDT)等移植进来构成新一代 MCS-51 系列产品,功能介于 MCS-51 和 MCS-96 之间的系列产品,目前已得到了较广泛的使用。

近年来,世界上单片机芯片生产厂商推出的与 MCS-51(80C51)兼容的主要产品如表 2-2 所示。

表 2-2 与 MCS-51 兼容的主要产品

生产厂家	单片机型号
ATMEL	AT89C5x,AT89S5x
Philips	80C51、8xC552
Cygnal	C80C51F 系列
LG	GMS90/97
ADI	ADuC8xx
Maxim	DS89C420
Siemens	SABMCS-512

在众多的衍生机型中，ATMEL 公司的 AT89C5x/AT89S5x 系列，尤其是 ATMCS-51/AT89S51 和 AT89C52/AT89S52 在 8 位单片机市场中占有较大的市场份额。ATMEL 公司 1994 年以 E²PROM 技术与 Intel 公司的 80C51 内核的使用权进行交换。ATMEL 公司的技术优势是闪烁(Flash)存储器技术，它将 Flash 技术与 80C51 内核相结合，形成了片内带有 Flash 存储器的 AT89C5x/AT89S5x 系列单片机。

AT89C5x/AT89S5x 系列与 MCS-51 系列在原有功能、引脚以及指令系统方面完全兼容，此外，某些品种又增加了一些新的功能，如看门狗定时器 WDT、ISP(在系统编程也称在线编程)及 SPI 串行接口技术等。片内 Flash 存储器允许在线(+5 V)电擦除、电写入或使用编程器对其重复编程。

另外，AT89C5x/AT89S5x 单片机还支持由软件选择的两种节电工作方式，非常适合低功耗的场合。

与 MCS-51 系列的 87C51 单片机相比，ATMCS-51/AT89S51 单片机片内的 4 KB Flash 存储器取代了 87C51 片内的 4 KB EPROM。AT89S51 片内的 Flash 存储器可在线编程或使用编程器重复编程，且价格较低。

因此 ATMCS-51/AT89S51 单片机作为代表性产品受到用户欢迎，AT89C5x/AT89S5x 单片机是目前取代 MCS-51 系列单片机的主流芯片之一。

AT89S5x 的"S"档系列机型是 ATMEL 公司继 AT89C5x 系列之后推出的新机型，代表性产品为 AT89S51 和 AT89S52。基本型的 ATMCS-51 与 AT89S51 以及增强型的 AT89C52 与 AT89S52 的硬件结构和指令系统完全相同。ATMCS-51 系统在保留原来软、硬件的条件下，完全可以用 AT89S51 直接代换。AT89S5x 系列与 AT89C5x 系列相比，其时钟频率以及运算速度有了较大的提高，例如，AT89S51 工作频率的上限为 24 MHz，而 AT89S51 则为 33 MHz。AT89S51 片内集成有双数据指针 DPTR、看门狗定时器，具有低功耗空闲工作方式和掉电工作方式。目前，AT89S5x 系列已逐渐取代 AT89C5x 系列。表 2-3 为 ATMEL 公司 AT89C5x/AT89S5x 系列单片机主要产品片内硬件资源。由于种类多，要依据实际需求来选择合适的型号。

表 2-3 ATMEL 公司生产的 51 系列单片机的片内资源

型号	Flash(KB)	片内 RAM(B)	I/O 口线(位)	Timer(个)	中断源(个)	引脚(个)
AT89C2051	2	128	15	2	5	20
AT89S51	4	128	32	2	5	40
AT89C52	8	256	32	3	6	40
AT89S52	8	256	32	3	6	40
AT89LV51	4	128	32	2	6	40
AT89LV52	8	256	32	3	6	40
AT89C55	20	256	32	3	6	40

AT89C1051 与 AT89C2051 为低档机型，均为 20 个引脚。当低档机能满足设计需求时，就不要采用较高档次的机型。

例如，当系统设计时，仅仅需要一个定时器和几位数字量输出，那么选择 AT89C1051 或 AT89C2051 即可，不需要选择 AT89S51 或 AT89S52，因为后者要比前者的价格高，且体积大。

如果对程序存储器和数据存储器的容量要求较高，还要单片机运行速度尽量要快，可考虑选择 AT89S51 /AT89S52，因为它们的最高工作时钟频率为 33 MHz。当程序需要多于 8 KB 以上的空间可考虑选用片内 Flash 容量 20 KB 的 AT89C55。

本书重点介绍 AT89S51 单片机的原理及应用系统设计。

2.2 MCS-51 单片机芯片的内部结构及特点

2.2.1 MCS-51 单片机结构

MCS-51 单片机的结构框图如图 2-1 所示，下面分别介绍各部分的主要组成和功能。

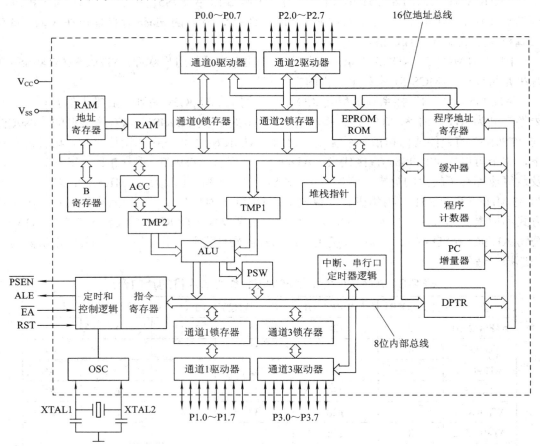

图 2-1 MCS-51 单片机的结构框图

1. 一个 8 位的微处理器 CPU

中央处理器是单片机的核心，完成运算和控制功能。MCS-51 系列单片机的 CPU 字长是 8 位，能处理 8 位二进制数或代码，也可处理 1 位二进制数。

2．片内数据存储器(RAM 128 B/256 B)

MCS-51 单片机共有 256 B 的 RAM 单元，但其中 128 B 被专用寄存器占用，能作为存储单元供用户使用的只是前 128 B，用于存放可读写的数据，因此通常所说的内部数据存储器就是前 128 B，简称片内 RAM。如果不够用，可根据实际需要在片外扩展，最多可扩展 64 KB。

3．片内 4 KB 程序存储器 Flash ROM(4 KB)

MCS-51 单片机共有 4 KB 的掩膜 ROM(只读存储器)，用于存放程序、原始数据或表格，因此称之为程序存储器，简称内部 ROM。MCS-51 和 AT89S51 为 4 KB 的 EPROM，8031 没有程序存储器，可根据实际需要在片外扩展，最多可扩展 64 KB。

4．四个 8 位并行 I/O(输入/输出)接口 P0～P3

每个口可以用作输入，也可以用作输出。

5．两个或三个定时器/计数器

MCS-51 单片机共有两个 16 位的定时器/计数器，52 型号的有三个定时器/计数器，都具有 4 种工作方式，每个定时/计数器都可以设置成计数方式，用以对外部事件进行计数，也可以设置成定时方式，并可以根据计数或定时的结果实现计算机控制。

6．一个全双工 UART 的串行 I/O 口

MCS-51 系列单片机有一个全双工的串行口，具有 4 种工作方式，用来实现单片机和其他设备之间的串行数据传送。该串行口功能较强，既可作为全双工异步通信收发器使用，也可作为同步移位器使用。

7．片内振荡器和时钟产生电路

MCS-51 系列单片机芯片的内部有时钟电路，但石英晶体和微调电容需外接。时钟电路为单片机产生时钟脉冲序列，其系统常用的晶振频率一般为 6 MHz、11.0592 MHz 或 12 MHz。

8．五个中断源的中断控制系统

MCS-51 系列单片机的中断功能较强以满足控制应用的需要。MCS-51 单片机共有 5 个中断源，其中外部中断两个，定时/计数中断两个，串行口中断 1 个，如表 2-4 所示。

表 2-4　中断向量表

中断源	入口地址
外部中断 0	0003H
定时/计数器 0	000BH
外部中断 1	0013H
定时/计数器 1	001BH
串行口	0023H

9．节电工作方式

具有休闲方式及掉电方式。

2.2.2 MCS-51 系列单片机的引脚分布

MCS-51 系列单片机一般采用 40 脚的双列直插式封装(Dual Inline Package，DIP)方式，图 2-2 即为相应的引脚的分布图，其中图 2-2((a)为 DIP 封装，图 2-2(b)为 TQFP 封装。

40 个引脚按功能分为 3 个部分，即电源及时钟引脚(Vcc、Vss、XTAL1 和 XTAL2)，控制引脚(RST、$\overline{EA}$、$\overline{PSEN}$ 和 ALE)及并行 I/O 口引脚(P0～P3)，如图 2-2 所示，下面分别予以介绍(以常用的 DIP 封装形式为例)。

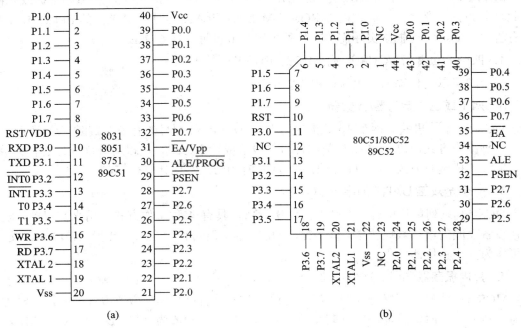

图 2-2　引脚的分布图

1. 电源引脚

用于接入单片机的工作电源。

Vcc(第 40 脚)：接＋5 V 电源。

Vss(第 20 脚)：接地。

2. 时钟引脚 XTAL1(第 19 脚)和 XTAL2(第 18 脚)

用于提供单片机的工作时钟信号。在使用单片机内部振荡电路时，这两个端子用来外接石英晶体和微调电容；在使用外部时钟时，则用来输入时钟脉冲。

XTAL1(第 19 脚)：接外部晶振的一个引脚，是单片机内部一个高增益反向放大器的输入端，构成片内振荡器。

XTAL2(第 18 脚)：接外部晶振的另一端。

3. 控制信号引脚

RST/VDD(第 9 脚)：复位/备用电源引脚，此引脚上外加两个机器周期的高电平就能够使单片机复位(Reset)。单片机正常工作时，此引脚应为低电平。

在单片机掉电期间，此引脚可接备用电源(＋5 V)。在系统工作的过程中，如果 Vcc 低于规定的电压值，VDD 就向片内 RAM 提供电源，以保持 RAM 内的信息不丢失。

ALE/$\overline{\text{PROG}}$(第 30 脚)：访问外部存储器时，ALE(地址锁存允许信号)用于锁存低 8 位的地址信号。如果系统不访问外部存储器，ALE 端输出周期性的脉冲信号，频率为时钟振荡频率的 1/6，可用于对外输出的时钟。对于 EPROM 型单片机(8751)，此引脚用于输入编程脉冲($\overline{\text{PROG}}$)。

$\overline{\text{PSEN}}$(第 29 脚)：输出访问片外程序存储器的读选通信号。在 CPU 从外部程序存储器取指令期间，该信号每个机器周期两次有效。在访问片外数据存储器期间，这两次 PSEN 信号将不出现。$\overline{\text{PSEN}}$ 可驱动 8 个 LS TTL 负载。

$\overline{\text{EA}}$/Vpp(第 31 脚)：用于区分片内、外低 4 KB 范围存储器空间。该引脚接高电平时，CPU 访问片内程序存储器 4 KB 的地址范围。若 PC 值超过 4 KB 的地址范围，CPU 将自动转向访问片外程序存储器；当此引脚接低电平时，只访问片外程序存储器，并忽略片内程序存储器。8031 单片机没有片内程序存储器，此引脚必须接地。

对于 EPROM 型单片机，在编程期间，此引脚用于加较高的编程电压 Vpp，目前一般为 +12 V。

4．输入/输出引脚

P0.7～P0.0(第 32～39 脚)：P0 口的 8 位漏极开路型双向 I/O 引脚。在访问片外存储器时，P0 口分时作为低 8 位地址线和 8 位双向数据总线用，此时不需外接上拉电阻。如果将 P0 口作为通用的 I/O 口使用，则要求外接上拉电阻。P0 口能以吸收电流的方式驱动 8 个 LS TTL(低功耗肖特基 TTL)负载。

P1.0～P1.7(第 1～8 脚)：P1 口的 8 个引脚。P1 口是一个带内部上拉电阻的 8 位双向 I/O 口，能驱动 4 个 LS TTL 负载。这种接口没有高阻状态，输入不能锁存，因此不是真正的双向 I/O 口。

P2.0～P2.7(第 21～28 脚)：P2 口的 8 个引脚。P2 口也是一个带内部上拉电阻的 8 位双向 I/O 口。在访问外部存储器时，P2 口输出高 8 位地址，可以驱动 4 个 LS TTL 负载。

P3.0～P3.7(第 10～17 脚)：P3 口的 8 个引脚。P3 口也是一个带内部上拉电阻的 8 位双向 I/O 口，能驱动 4 个 LS TTL 负载。另外，这 8 个引脚还能用于第二功能，作为第二功能使用时，引脚定义见表 2-5。

表 2-5　P3 口的第二种功能

P3 口	第二功能	
P3.0	RXD	串行口输入端
P3.1	TXD	串行口输出端
P3.2	$\overline{\text{INT0}}$	外部中断 0 请求输入端，低电平有效
P3.3	$\overline{\text{INT1}}$	外部中断 1 请求输入端，低电平有效
P3.4	T0	定时/计数器 0 外部计数脉冲输入端
P3.5	T1	定时/计数器 1 外部计数脉冲输入端
P3.6	$\overline{\text{WR}}$	外部数据存储器写信号，低电平有效
P3.7	$\overline{\text{RD}}$	外部数据存储器读信号，低电平有效

2.3　单片机的 CPU

MCS-51 单片机的 CPU 由运算器、布尔处理机和控制器组成。

2.3.1　运算器

运算器以完成二进制的算术/逻辑运算部件 ALU 为核心，再加上暂存器 TMP、累加器 ACC、寄存器 B、程序状态标志寄存器 PSW 及布尔处理器。

1. 算术/逻辑运算部件 ALU

算术/逻辑运算部件(ALU)的主要功能是实现 8 位二进制数的加、减、乘、除四则算术运算和与、或、非、异或等逻辑运算，以及循环、清零、置 1、加 1、减 1 等基本操作；另外还具备特有的位处理功能，即可以对单独的一位进行置 1、清零、取反以及逻辑与、或和位判断转移等操作，特别适合面向测控领域的应用。

2. 累加器 ACC

累加器 ACC 是运算、处理时的暂存寄存器，用于提供操作数和存放运算结果。其他如逻辑运算、移位等操作也都要通过累加器 A，所以累加器 A 是运算器中应用最为频繁的寄存器。它直接与 ALU 和内部总线相连，一般的信息传送和交换均需通过累加器 A。由于相当多的运算都要通过累加器，这种形式客观上影响了指令的执行效率。

3. 寄存器 B

寄存器 B 是进行乘、除算术运算时的辅助寄存器；在进行乘法运算时，累加器 A 和寄存器 B 分别存放两个相乘的数据，指令执行后，乘积的高位字节存放在 B 寄存器中，低位字节存放在累加器 A 中；在进行除法运算时，被除数存放在累加器 A 中，除数存放在寄存器 B 中。指令执行后，商存放在累加器 A 中，余数存放在寄存器 B 中；在不进行乘、除法运算的其他情况下，寄存器 B 也可用作一般的寄存器或中间结果暂存器。

4. 标志寄存器 PSW

PSW 是一个 8 位的寄存器，它用于寄存当前指令被执行后的相关状态，为下一条或以后的指令执行提供状态条件；许多指令的执行结果将影响 PSW 中某些状态标志位；MCS-51 单片机 PSW 的重要特点是可以软件编程，即可通过程序改变 PSW 中的状态标志。在后面会详细介绍 PSW。

2.3.2　布尔处理机

运算器中还有一个按位(bit)进行逻辑运算的逻辑处理机(又称布尔处理机)。单片机能处理布尔操作数，能对位地址空间中的位直接寻址、清零、取反等操作，这种功能提供了把逻辑式(随机组合逻辑)直接变为软件的简单明了的方法，不需要过多的数据传送、字节屏蔽和测试分支，就能实现复杂的组合逻辑功能。

位处理器是单片机的一个特殊组成部分，具有相应的指令系统，可提供 17 条位操作指令。硬件上有自己的"累加器"和自己的位寻址 RAM、I/O 口空间，是一个独立的位处理器，位处理器和 8 位处理器形成完美的结合。

2.3.3　控制器

控制器是 CPU 的神经中枢，它包括定时控制逻辑电路、指令寄存器、译码器、地址指针 DPTR 及程序计数器 PC、堆栈指针 SP 等，这里程序计数器 PC 是由 16 位寄存器构成的计数器。要使单片机执行一个程序，就必须把该程序按顺序预先装入存储器 ROM 的某个区域。单片机动作时应按顺序一条条取出指令来加以执行，因此必须有一个电路能找出指令所在的单元地址，该电路就是程序计数器 PC。当单片机开始执行程序时，给 PC 装入第一条指令所在的地址，它每取出一条指令，PC 的内容就自动加 1，以指向下一条指令的地址，使指令能顺序执行。只有当程序遇到转移指令、子程序调用指令或遇到中断时(后面将介绍)，PC 才转到所需要的地方去。MCS-51 CPU 按照 PC 指定的地址，从 ROM 相应单元中取出指令字节放在指令寄存器中寄存，然后指令寄存器中的指令代码被译码器译成各种形式的控制信号，这些信号与单片机时钟振荡器产生的时钟脉冲在定时与控制电路中相结合，形成按一定时间节拍变化的电平和时钟(即控制信息)在 CPU 内部协调寄存器之间的数据传输、运算等操作。

2.4　输出/输入端口结构

MCS-51 系列单片机有 4 个 8 位的并行 I/O 接口：P0、P1、P2 和 P3 口，它们是特殊功能寄存器中的 4 个。这 4 个口既可以作输入，也可以作输出，既可按 8 位处理，也可按位方式使用。输出时具有锁存能力，输入时具有缓冲功能。实际上，它们已被归入专用寄存器之列，并且具有字节寻址和位寻址的功能。在访问片外扩展的存储器时，8 位数据和低 8 位地址由 P0 口分时传送，高 8 位地址由 P2 口传送。在无片外扩展存储器的系统中，这 4 个口的每一位均可作为双向的 I/O 端口使用。

2.4.1　P0 口的结构和功能

1. 结构

P0 口是一个三态双向口，有 8 条端口线，命名为 P0.0～P0.7，其中 P0.0 为低位，P0.7 为高位，可作为地址/数据分时复用口，也可作为通用的 I/O 接口。在不需要进行外部 ROM、RAM 等扩展时，作为通用的 I/O 口使用。在需要进行外部 ROM、RAM 等扩展时，采用分时复用的方式，通过地址锁存器后作为地址总线的低 8 位和 8 位数据总线。

它由一个输出锁存器、两个三态缓冲器、输出驱动电路和输出控制电路组成，P0 的一位结构如图 2-3 所示。

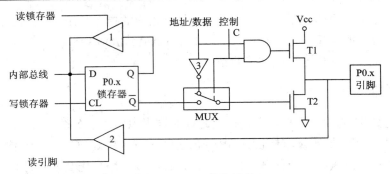

图 2-3　P0 口的位结构

2. 功能

在实际应用中，P0 口有时作为单片机系统的地址/数据总线使用，比作为通用的 I/O 口使用时简单。在输出地址或数据时，由系统内部电路发出控制信号，打开上面的与门，并使多路转换开关 MUX 处于内部地址/数据线与驱动场效应管栅极反相接通状态。这时的输出驱动电路由于上、下两个 FET 处于反相，形成推拉式电路结构，使负载能力大大提高。而当输入数据时，数据信号则直接从引脚通过输入缓冲器进入内部总线。

CPU 在执行读片外 ROM、读/写片外 RAM 或 I/O 口指令时，单片机内硬件自动将控制 C=1，MUX 开关接到非门的输出端，地址信息经 T1、T2 输出。具体分为下面两种情况：

(1) P0 口分时输出低 8 位地址、输出数据。

CPU 在执行输出指令时，低 8 位地址信息和数据信息分时地出现在地址/数据总线上。若地址/数据总线的状态为 1，则场效应管 T2 导通，T1 截止，P0.x 引脚状态为 1；若地址/数据总线的状态为 0，则场效应管 T2 截止，T1 导通，P0.x 引脚状态为 0。可见 P0.x 引脚的状态正好与地址/数据线的信息相同。

(2) P0 口分时输出低 8 位地址、输入数据。

CPU 在执行输入指令时，首先低 8 位地址信息出现在地址/数据总线上，P0.x 引脚的状态与地址/数据总线的地址信息相同。然后，CPU 自动使模拟转换开关 MUX 拨向锁存器，并向 P0 口写入 0FFH，同时"读引脚"信号有效，数据经缓冲器读入内部数据总线。因此，可以认为 P0 口作为地址/数据总线使用时是一个真正的双向口。

当 P0 口作通用 I/O 接口时，应注意以下两点：

(1) 在输出数据时，由于 T2 截止，输出级是漏极开路电路，要使"1"信号正常输出，必须外接上拉电阻。

(2) P0 口作为通用 I/O 口输入使用时，在输入数据前，应先向 P0 口写"1"。另外，P0 口的输出级具有驱动 8 个 LS TTL 负载的能力，其输出电流不大于 800 μA。

2.4.2　P1 口的结构和功能

1. 结构

P1 口有 8 条端口线，命名为 P1.0～P1.7，P1 口是准双向口，它只能作通用 I/O 接口使用。P1 口的结构与 P0 口不同，它的输出只由一个场效应管 T 与内部上拉电阻组成，如图 2-4 所示。

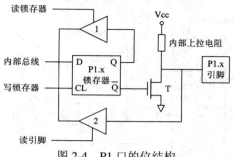

图 2-4 P1 口的位结构

2. 功能

P1 口的输入/输出原理特性与 P0 口作为通用 I/O 接口使用时一样。当其作为输出口使用时，可以提供电流负载，因此 P1 口在作为输出口使用时，已经能向外部负载提供推拉电流，无需再外接上拉电阻；当 P1 口作为输入口使用时，同样也需先向其锁存器写入"1"，使输出驱动电路中的 FET 截止。P1 口具有驱动 4 个 LS TTL 负载的能力。

2.4.3 P2 口的结构和功能

1. 结构

P2 口有 8 条端口线，命名为 P2.0～P2.7，每条线的结构如图 2-5 所示。它由一个输出锁存器、转换开关 MUX、两个三态缓冲器、一个非门、输出驱动电路和输出控制电路等组成。输出驱动电路设有内部上拉电阻。

P2 口的电路中比 P1 口的电路多了一个多路转换开关 MUX。P2 与 P0 口的情况一样，P2 口可以作为通用 I/O 口使用，这时多路转换开关倒向输出锁存器 Q 端，有些情况下，P2 口作为高位地址线使用，此时多路转换开关就倒向相反的方向。

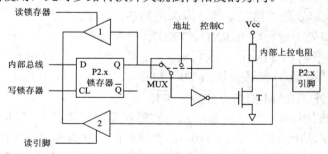

图 2-5 P2 口的位结构

2. 功能

CPU 在执行读片外 ROM、读/写片外 RAM 或 I/O 口指令时，单片机内部硬件将自动控制 C=1，MUX 开关接到地址线，地址信息经非门和场效应管 T 输出。

2.4.4 P3 口的结构和功能

1. 结构

P3 口有 8 条端口线，命名为 P3.0～P3.7，每条线的结构如图 2-6 所示。它的输出驱动由与非门和场效应管 T 组成，输入比 P0、P1、P2 口多了一个缓冲器 4。

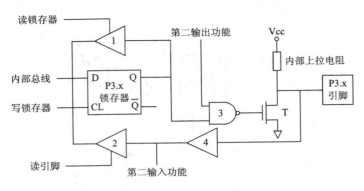

图 2-6   P3 口的位结构

2. 功能

P3 口除了作为准双向通用 I/O 口使用外，它的每一根线还具有第二种功能。P3 口在结构上为了适应引脚第二功能的需要，增加了第二功能控制逻辑。由于第二功能信号既有输入又有输出，因此具体情况分为以下两种：

(1) 第二功能作为输出的信号引脚，在作为通用 I/O 口使用时，第二功能信号输入应保持为高电平，与非门开通，以维持从锁存器到输出端的数据输出通路的畅通。在输出第二功能信号时，该位的锁存器应置"1"，使与非对第二功能信号的输出是畅通的，从而实现第二功能信号的输出。

(2) 第二功能为输入的信号引脚。在端口的输入通路上增加了一个缓冲器，输入的第二功能信号就从这个缓冲器的输出端取得，而作为 I/O 口使用的数据输入，仍取自三态缓冲器的输出端。不管是作为输入口使用还是第二功能信号输入，输出电路中的锁存器输出和第二功能输出信号线都应保持高电平。

P3 口相应的端口线处于第二功能，应满足的条件如下：

(1) 串行 I/O 口处于运行状态(RXD、TXD)。

(2) 外部中断已经打开($\overline{\text{INT0}}$、$\overline{\text{INT1}}$)。

(3) 定时/计数器处于外部计数状态(T0、T1)。

(4) 执行读/写外部 RAM 的指令($\overline{\text{RD}}$、$\overline{\text{WR}}$)。

作为输出功能的端口(如 P3.1)，由于该位的锁存器已自动置 1，与非门对第二功能输出是畅通的。作为输入功能的端口(如 P3.0)，由于该位的锁存器和第二功能输出线均为 1，使 T 截止，该引脚处于高阻输入状态。信号经输入缓冲器进入单片机的第二功能输入线。在应用中，如不设定 P3 端口各位的第二功能，则 P3 端口自动处于第一功能状态。

2.5   MCS-51 单片机的存储器

MCS-51 单片机存储器结构与一般微机的存储器结构不同，在物理结构上有 4 个存储空间，可分为程序(只读)存储器(ROM)(Read Only Memory)和数据(随机)存储器(RAM)(Random Access Memory)。程序存储器在使用时只能读出而不能写入，断电后 ROM 中的信息不会丢失，因此一般用来存放一些固定程序，如监控程序、子程序、字库及数据表等。

程序存储器具体又分为片内程序存储器和片外程序存储器，主要用于存放程序、固定常数和数据表格。

2.5.1　程序存储器

MCS-51 单片机的程序存储器，从物理结构上分为片内和片外程序存储器，而对于片内程序存储器，在 MCS-51 系列中，不同的芯片各不相同，其中 8031 和 8032 内部没有 ROM，MCS-51 内部有 4 KB ROM，8751 内部有 4 KB EPROM，8052 内部有 8 KB ROM，8752 内部有 8 KB EPROM。

对于内部没有 ROM 的 8031 和 8032，工作时只能扩展外部 ROM，最多可扩展 64 KB，地址范围为 0000H～FFFFH。对于内部有 ROM 的芯片，MCS-51 系列单片机的结构也并未限制用户一定使用片内存储器，它提供的 $\overline{EA}$ 信号使用户可有两种选择：如果 $\overline{EA}$ 引脚保持高电平，在地址小于 4 KB 时，CPU 访问内部的程序存储器，在地址大于 4 KB 时，CPU 自动转向访问外部程序存储器，内、外程序存储器的地址是连续的；当 $\overline{EA}$ 引脚为高电平时，CPU 只能访问外部存储器，内部程序存储器无用。对于 8031 单片机，由于其片内没有程序存储器，$\overline{EA}$ 引脚就必须接地，所以根据情况外部可以扩展 ROM，但内部 ROM 和外部 ROM 共用 64 KB 存储空间，其中，片内程序存储器地址空间和片外程序存储器的低地址空间重叠。51 子系列重叠区域为 0000H～0FFFH，52 子系列重叠区域为 0000H～1FFFH，具体存储器结构如图 2-7 所示。

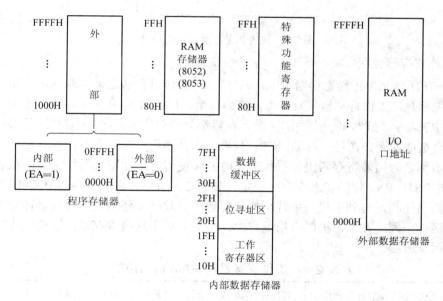

图 2-7　MCS-51 单片机存储器的结构

2.5.2　数据存储器

从物理结构上分为片内数据存储器和片外数据存储器。

一、片内数据存储器

对于 51 子系列，片内数据存储器 RAM 有 128 B，编址为 00H～7FH；对于 52 子系列，片内数据存储器有 256 B，编址为 00H～FFH。除了 RAM 块外，还有特殊功能寄存器(SFR)块，编址为 80H～FFH，与 52 系列 RAM 的 128 B 编址重叠，后者也有 128 B，编址为 80H～FFH，后者与前者在访问时通过不同的指令加以区分。

片内数据存储器按功能分成以下几个部分：工作寄存器组区、位寻址区、一般 RAM 区，其中还包含堆栈区，如图 2-8 所示。

7FH ⋮ 30H	用户RAM区 (堆栈、数据缓存区)
2FH ⋮ 20H	位寻址区
1FH ⋮ 18H	第3工作寄存器区
17H ⋮ 10H	第2工作寄存器区
0FH ⋮ 08H	第1工作寄存器区
07H ⋮ 00H	第0工作寄存器区

图 2-8　片内数据存储器功能划分

1. 工作寄存器组区

00H～1FH 单元为工作寄存器组区，共 32 B。工作寄存器也称为通用寄存器，用于临时寄存 8 位信息。工作寄存器共有 4 组，称为 0 组、1 组、2 组和 3 组，每组 8 个，分别依次用 R0～R7 表示，虽然每一组中的 8 个寄存器都分别记作 R0～R7，但对应了不同的地址单元，不会造成冲突。在任一时刻，CPU 只能使用其中的一组寄存器，并且把正在使用的那组寄存器称之为当前寄存器组。系统工作时实际使用的工作寄存器组由程序状态字寄存器 PSW 中 RS1、RS0 位的状态组合来决定，如表 2-6 所示。通用寄存器为 CPU 提供了就近存储数据的便利，有利于提高单片机的处理速度。此外，使用通用寄存器还能提高程序设计的灵活性，因此在单片机的应用编程中，应充分利用这些寄存器，以简化程序设计，提高程序运行速度。

表 2-6　工作寄存器与 RAM 的对应表

RS1	RS0	工作寄存器组	R7	R6	R5	R4	R3	R2	R1	R0
0	0	0	07H	06H	05H	04H	03H	02H	01H	00H
0	1	1	0FH	0EH	0DH	0CH	0BH	0AH	09H	08H
1	0	2	17H	16H	15H	14H	13H	12H	11H	10H
1	1	3	1FH	1EH	1DH	1CH	1BH	1AH	19H	18H

2. 位寻址区

MCS-51 系列单片机具有很强的布尔处理功能，提供了丰富的位操作指令，而且硬件上有自己的位累加器和位地址空间。位操作指令处理的数据仅为 1 位二进制数。位地址空间由两部分构成，一部分在片内 RAM 的 20H～2FH 单元，共 16 字节 128 位，每位都可以按位方式使用，每一位都有一个位地址，如表 2-7 所示；另一部分在特殊功能寄存器，离散的占用 80H～FFH。两部分总共有 211 个可寻址位。

表 2-7　RAM 位地址区地址映射表

字节单元地址	D7	D6	D5	D4	D3	D2	D1	D0
20H	07	06	05	04	03	02	01	00
21H	0F	0E	0D	0C	0B	0A	09	08
22H	17	16	15	14	13	12	11	10
23H	1F	1E	1D	1C	1B	1A	19	18
24H	27	26	25	24	23	22	21	20
25H	2F	2E	2D	2C	2B	2A	29	28
26H	37	36	35	34	33	32	31	30
27H	3F	3E	3D	3C	3B	3A	39	38
28H	47	46	45	44	43	42	41	40
29H	4F	4E	4D	4C	4B	4A	49	48
2AH	57	56	55	54	53	52	51	50
2BH	5F	5E	5D	5C	5B	5A	59	58
2CH	67	66	65	64	63	62	61	60
2DH	6F	6E	6D	6C	6B	6A	69	68
2EH	77	76	75	74	73	72	71	70
2FH	7F	7E	7D	7C	7B	7A	79	78

3. 一般 RAM 区

30H～7FH 是一般 RAM 区，也称为用户 RAM 区，共 80 字节，对于 52 子系列，一般 RAM 区在 30H～FFH 单元。另外，对于前两区中未用的单元也可作为用户 RAM 单元使用。

4. 堆栈区与堆栈指针

堆栈是按先进后出、后进先出的原则进行管理的一段存储区域。MCS-51 单片机中，堆栈是用片内数据存储器的一段区域，在具体使用时应避开工作寄存器、位寻址区，一般设在 2FH 以后的单元，如果工作寄存器和位寻址区未用，也可开辟为堆栈。

5. 特殊功能寄存器(Special Function Register，SFR)

特殊功能寄存器也称为专用寄存器，用于控制、管理单片机内部算术逻辑部件、并行

I/O 口、串行 I/O 口、定时器/计数器、中断系统等功能模块的工作，其地址分配如表 2-8 所示。

表 2-8　特殊功能寄存器地址表

寄存器名称	地址	标识符	寄存器名称	地址	标识符
并口 0	80H	P0	串行数据缓冲器	99H	SBUF
堆栈指针	81H	SP	并口 2	A0H	P2
数据指针(低 8 位)	82H	DPL	中断允许控制寄存器	A8H	IE
数据指针(高 8 位)	83H	DPH	并口 3	B0H	P3
电源控制寄存器	87H	PCON	中断优先控制寄存器	B8H	IP
定时/计数器控制	88H	TCON	定时/计数器 2 控制	C8H	T2CON(52)
定时/计数器方式控制	89H	TMOD	定时/计数器 2(低 8 位)	CAH	RCAP2L(52)
定时/计数器 0(低 8 位)	8AH	TL0	定时/计数器 2(低 8 位)	CBH	RCAP2H(52)
定时/计数器 1(低 8 位)	8BH	TL1	定时/计数器 2(低 8 位)	CCH	TL2(52)
定时/计数器 0(高 8 位)	8CH	TH0	定时/计数器 2(低 8 位)	CDH	TH2(52)
定时/计数器 1(高 8 位)	8DH	TH1	程序状态字	D0H	PSW
并口 1	90H	P1	累加器	E0H	ACC
串行口控制寄存器	98H	SCON	寄存器 B	F0H	B

下面简单介绍几个重要的引脚，其余的将在以后章节中陆续说明。

1. 程序状态字寄存器(PSW)

程序状态字是一个 8 位寄存器，用于寄存指令执行的状态信息，其中有些位状态是根据指令执行结果，由硬件自动设置的，而有些位状态则是使用软件方法设定的。PSW 的位状态可以用专门指令进行测试，也可以用指令读出，其各位定义如图 2-9 所示。

位序	PSW.7	PSW.6	PSW.5	PSW.4	PSW.3	PSW.2	PSW.1	PSW.0
位标志	CY	AC	F0	RS1	RS0	OV	/	P

图 2-9　PSW 的各位定义

除 PSW.1 位保留未用外，对其余各位的定义及使用介绍如下：

(1) CY 或 PSW.7：进位/借位标志位。

功能：存放算术运算的进位/借位标志；在位操作中，作累加位使用。

(2) AC(PSW. 6)：辅助进位标志位。

功能：在加减运算中，当有低 4 位向高 4 位进位或借位时，AC 由硬件置位，否则 AC 位被清零；在进行十进制数运算时需要十进制调整，此时要用到 AC 位状态进行判断。

(3) F0(PSW. 5)：用户标志位。

一个由用户定义使用的标志位，用户根据需要用软件方法置位或复位。

(4) RS0 和 RS1(PSW.3 和 PSW.4)：寄存器组选择位。

用于设定当前通用寄存器的组号。通用寄存器共有4组，其对应关系如表2-9所示。

表 2-9 寄存器组组别定义关系表

RS1	RS0	寄存器组	R0~R7 地址
0	0	0	00~07H
0	1	1	08~0FH
1	0	2	10~17H
1	1	3	18~1FH

这两个选择位的状态是由软件设置的，被选中的寄存器组即为当前通用寄存器组。

(5) OV(PSW. 2)：溢出标志位。

在一个字节带符号数的加减运算中，OV=1表示加减运算结果超出了累加器A所能表示的符号数有效范围(−128~+127)，即产生了溢出，因此运算结果错误；反之，OV=0表示运算正确，即无溢出产生。

在乘法运算中，OV=1表示乘积超过255，即乘积分别在B与A中；反之，OV=0，表示乘积只在A中。

在除法运算中，OV=1表示除数为0，除法不能进行；反之，OV=0，除数不为0，除法可正常进行。

(6) P(PSW.0)：奇偶标志位。

表明累加器A中1的个数的奇偶性，在每个指令周期由硬件根据A的内容对P位进行置位或复位。若1的个数为偶数，P=0；若1的个数为奇数，P=1。

2．累加器(ACC)

累加器为8位寄存器，是程序中最常用的专用寄存器，功能较多，地位重要。用于向ALU提供操作数和存放运算的结果。在运算时将一个操作数经暂存寄存器送至ALU，与另一个来自暂存寄存器的操作数在ALU中进行运算，运算后的结果又送入累加器A中。

3．数据指针寄存器(DPTR)

DPTR是16位的专用地址指针寄存器，它是MCS-51中唯一一个供用户使用的16位寄存器，可对外部存储器和I/O口进行寻址，也可拆成高字节DPH和低字节DPL两个独立的8位寄存器，在CPU内分别占据82H和83H两个地址。当对64KB外部数据存储器寻址时，DPTR可作为间接寻址寄存器使用。

4．寄存器 B

在乘、除法运算中用寄存器B暂存数据。乘法指令的两个操作数分别取自累加器A和寄存器B，结果再存于B和A中，即A存低字节，B存高字节。除法指令中被除数取自A，除数取自B，结果商存于A中，余数存放在B中。在其他指令中，寄存器B可作为RAM中的一个单元使用，其地址为B0H。

5．堆栈指针(SP)

堆栈是个特殊的存储区，主要功能是暂时存放数据和地址，通常用来保护断点和现场。它的特点是按照先进后出的原则存取数据，这里的进与出是指进栈与出栈操作。

6. 端口 P0～P3

特殊功能寄存器 P0～P3 分别是 I/O 端口 P0～P3 的锁存器。

7. 定时器/计数器 TL0、TH0、TL1、TH1

MSC-51 单片机中有两个 16 位的定时器/计数器 T0 和 T1,它们由 4 个 8 位寄存器(TH0、TL0、TH1 和 TL1)组成。两个 16 位定时器/计数器是完全独立的,可以单独对这 4 个寄存器寻址。

8. 串行数据缓冲器(SBUF)

功能:存放需要发送和接收的数据。

组成:由两个独立的寄存器构成,一个是发送缓冲器,一个是接收缓冲器,但寄存器名称统一为 SBUF。

9. 控制寄存器

控制寄存器有 5 种:中断优先级控制寄存器(IP)、中断允许控制寄存器(IE)、定时器/计数器控制寄存器(TCON)、串行口控制寄存器(SCON)和电源控制寄存器(PCON)。它们将在后续章节中详细介绍。

2.6 时钟电路及 CPU 时序

单片机中程序的执行过程是 CPU 不断的一条一条地取指令,然后分析指令、执行指令,是严格按照时序进行的。

时序:CPU 执行指令的一系列动作都是在时序电路控制下一拍一拍进行的,为达到同步协调工作的目的,各操作信号在时间上有着严格的先后次序,这些次序就是 CPU 的时序。

2.6.1 时钟电路

时钟频率直接影响单片机的速度,电路的质量直接影响系统的稳定性。常用的时钟电路有两种方式:内部时钟方式和外部时钟方式。

1. MCS-51 的内部时钟方式

MCS-51 单片机片内有一个高增益反相放大器,作为 CPU 的时钟脉冲源。XTAL1 为振荡电路输入端,XTAL2 为振荡电路输出端,同时作为内部时钟发生器的输入端。内部振荡器要保证正常工作,必须在 XTAL1、XTAL2 引脚外接一个谐振电路,作为片内振荡器提供正反馈和振荡所必需的相移条件,从而构成一个自激振荡器,达到稳定输出和与外界谐振电路谐振频率相同的脉冲信号。片内时钟发生器对振荡频率进行二分频,为控制器提供一个两相的时钟信号,产生 CPU 的操作时序,外部晶体振荡电路如图 2-10 所示。图中 C1 和 C2 的典型值通常选择为 30 pF 左右,晶体的振荡频率在 1.2 MHz～12 MHz 之间。

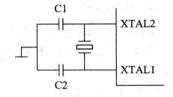

图 2-10 外接晶振的振荡电路

2. MCS-51 的外部时钟方式

外部时钟方式使用现成的外部振荡器产生脉冲信号，常用于多片 MCS-51 单片机同时工作的情况下，以便于多片 51 单片机之间的同步，一般为低于 12 MHz 的方波，电路如图 2-11 所示。

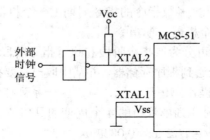

图 2-11　外接时钟信号的振荡电路

2.6.2　单片机的周期

MCS-51 单片机的周期有如下几个：

1. 时钟周期

时钟周期是单片机的基本时间单位。若时钟晶体的振荡频率为 f_{osc}，则时钟周期 $T_{osc}=1/f_{osc}$。如果 $f_{osc}=6$ MHz，则 $T_{osc}=166.7$ ns。

2. 状态周期

状态周期：为振荡周期的 2 倍，也称 S 状态时间。在状态周期的前半周期 P1 有效时，通常完成算术、逻辑操作；在后半周期 P2 有效时，一般进行内部寄存器之间的传输。

3. 机器周期

CPU 完成一个基本操作所需要的时间称为机器周期。通常在一个机器周期内，CPU 可以完成一个独立的操作。执行一条指令分为几个机器周期，每个机器周期完成一个基本操作。MCS-51 单片机每 12 个时钟周期为一个机器周期，一个机器周期又分为 6 个状态：S1～S6，每个状态又分为两拍：P1 和 P2，因此一个机器周期中的 12 个时钟周期表示为：S1P1、S1P2、S2P1、S2P2、…、S6P2，如图 2-12 所示。

当振荡脉冲频率为 12 MHz 时，一个机器周期为 1 μs；当振荡脉冲频率为 6 MHz 时，一个机器周期为 2 μs。

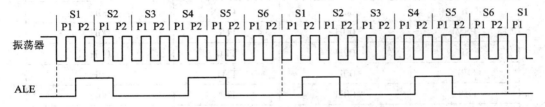

图 2-12　MCS-51 的机器周期

图 2-12 中 ALE 信号是为地址锁存而定义的，以时钟脉冲 1/6 的频率出现，在一个机器周期中，ALE 信号两次有效(注意，在执行访问外部数据存储器的指令 MOVX 时，将会丢

失一个 ALE 脉冲)。

4．指令周期

指令周期：计算机取一条指令至执行完该指令需要的时间称为指令周期。不同的指令，指令周期不同。单片机的指令周期以机器周期为单位。

MCS-51 系列单片机中，大多数指令的指令周期由一个机器周期或两个机器周期组成，只有乘法、除法指令需要 4 个机器周期指令。

CPU 执行一条指令时，可分为取指令阶段和执行指令阶段。

取指令阶段：PC 中地址送到程序存储器，并从中取出需要执行指令的操作码和操作数。

执行指令阶段：对指令操作码进行译码，以产生一系列控制信号完成指令的执行。

若外接晶振为 12 MHz 时，则单片机的 4 个周期的具体值为：

① 时钟周期＝1/12 MHz＝1/12 μs＝0.0833 μs

② 状态周期＝1/6 μs＝0.167 μs

③ 机器周期＝1 μs

④ 指令周期＝1～4 μs

这几个周期可用于计算指令、程序的执行时间，以及定时器的定时时间。

2.7 复 位 操 作

单片机在启动时都需要复位，以使 CPU 及系统各部件处于确定的初始状态，并从初态开始工作。MCS-51 系列单片机的复位信号是从 RST 引脚输入到芯片内的施密特触发器中的。

2.7.1 复位

时钟电路工作以后，在单片机的 RST 引脚上保持 2 个机器周期(24 个时钟周期)以上的高电平，单片机复位。当 RST 从高电平变为低电平后，MCS-51 从 0000H 地址开始执行程序。复位不影响片内 RAM 状态，复位后各内部寄存器状态如表 2-10 所示。

表 2-10 内部寄存器复位状态表

寄存器	复位状态	寄存器	复位状态
ACC	00H	TMOD	00H
B	00H	TCON	00H
PSW	00H	TH0	00H
SP	07H	TL0	00H
DPL	00H	TH1	00H
DPH	00H	TL1	00H
P0～P3	FFH	SCON	00H
IP	00H	SBUF	不定
IE	00H	PCON	0xxxxxxxB

2.7.2　复位方式

单片机的复位方式有以下几种：

1．片内复位方式

若 RST 引脚输入的高电平不撤除，单片机就一直保持复位状态。单片机内部复位电路如图 2-13 所示。

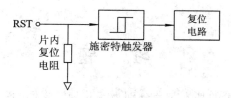

图 2-13　单片机片内复位电路

2．上电自动复位(如图 2-14 所示)

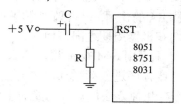

图 2-14　单片机上电自动复位电路

3．按钮复位(如图 2-15 所示)

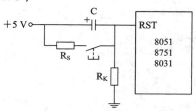

图 2-15　单片机按键复位电路

4．专用集成复位电路

(1)　MAX811：有多种供电电压及复位门槛电压版本；支持手动复位；有高低两种电平的复位信号输出；体积小，可靠性高。

(2)　X5045/25045：有多种供电电压及复位门槛电压版本；支持手动复位；包含 4KB 的 E^2PROM；具有看门狗功能。

本 章 小 结

本章介绍了 MCS-51 单片机的基础知识，包括单片机的分类、内部结构及特点、重点介绍了单片机的 CPU、4 个输入/输出端口(P0 口、P1 口、P2 口和 P3 口)的结构、存储器、时钟电路、CPU 时序、复位操作及低功耗工作模式等，其特点有：

(1) 体积小，重量轻。

(2) 可靠性高，运行速度快，抗干扰能力强。

(3) 控制功能强，使用灵活，性价比高。

(4) 易扩展，易于开发。

(5) 受集成度限制，片内存储器容量较小，一般片内 ROM 在 8 KB 以下，片内 RAM 在 256 B 以内。

习　题

1. MCS-51 系列单片机的基本芯片分别为哪几种？它们的差别是什么？

2. MCS-51 系列单片机与 80C51 系列单片机的异同点是什么？

3. MCS-51 单片机的片内都集成了哪些功能部件？各个功能部件最主要的功能是什么？

4. 说明 MCS-51 单片机引脚 $\overline{EA}$ 的作用，该引脚接高电平和接低电平时各有何种功能？

5. MCS-51 的时钟振荡周期和机器周期之间有何关系？

6. 在 MCS-51 单片机中，如果采用 6 MHz 晶振，那么一个机器周期为多少？

7. MCS-51 单片机运行出错或程序进入死循环，如何摆脱困境？

8. 单片机的复位(RST)操作有几种方法，复位功能的主要作用是什么？

9. 简述程序状态寄存器 PSW 中各位的含义。

10. 堆栈有哪些功能？堆栈指示器(SP)的作用是什么？在程序设计时，为什么要对 SP 重新赋值？

第 3 章　MCS-51 单片机的内部资源

本章主要介绍 MCS-51 单片机内部各器件的具体结构、组成原理、工作方式的设置及典型应用,为读者后续学习单片机应用系统设计,充分利用单片机内部资源解决工程实际问题奠定基础。本章重点在于各器件工作方式的设置及灵活应用,难点在于中断系统和定时器/计数器的应用。

本章主要内容:

- 单片机的中断系统
- 单片机的定时器/计数器 T0 和 T1
- 单片机的串行通信

3.1　单片机的中断系统

3.1.1　单片机中断系统的概念

当 CPU 正在处理某事件的时候,外部或者内部发生的某一事件请求 CPU 迅速去处理时,CPU 暂时中止当前的工作,转到中断服务处理程序去处理所发生的事件。中断服务处理完该事件后,再返回到原来被中止的地方继续原来的工作,这样的过程称为中断。中断过程如图 3-1 所示。

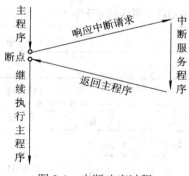

图 3-1　中断响应过程

我们把产生中断请求的事情称为中断源,能够实现中断处理功能的部件称为中断系统。

如果单片机没有中断系统,CPU 的大量时间可能会浪费在查询是否有内部事件或者外部事件的操作上,即无论是否有内部事件或外部事件发生,CPU 都必须去查询。采用中断技术完全消除了 CPU 在查询方式中的等待现象,大大提高了单片机的工作效率和实时性。

由于中断方式的优点极为明显，因此在单片机的硬件结构中都带有中断系统。

3.1.2 单片机中断系统的结构和组成

MCS-51 系列单片机的中断系统有 5 个中断源，且有 2 个中断优先级(高优先级和低优先级)，每个中断源的优先级都可以由软件来设定，也可实现两级中断服务程序嵌套。MCS-51 单片机中断系统的组成：4 个与中断有关的特殊功能寄存器(TCON、SCON 的相关位作中断源的标志位)、中断允许控制寄存器 IE、中断优先级管理(IP 寄存器)和中断顺序查询逻辑电路等。

1. 中断系统的组成

MCS-51 系列单片机的中断系统结构示意图如图 3-2 所示。中断系统共有 5 个中断源，其中，中断入口地址是固定的，详见表 3-1。

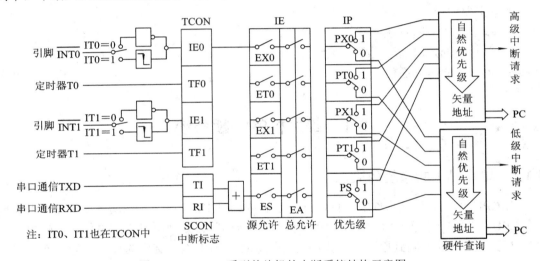

图 3-2　MCS-51 系列单片机的中断系统结构示意图

表 3-1　中断源及中断入口地址

中断源	入口地址	中断号
外部中断 0（$\overline{INT0}$）	0003H	0
定时器/计数器 T0	000BH	1
外部中断 1（$\overline{INT1}$）	0013H	2
定时器/计数器 T1	001BH	3
串行口	0023H	4

这些中断请求源的中断请求标志位分别由特殊功能寄存器 TCON 和 SCON 的相应位锁存。

TCON 为定时器/计数器的控制寄存器，字节地址为 88H，可位寻址，该寄存器中既包括了定时器/计数器 T0 和 T1 的溢出中断请求标志位 TF0 和 TF1，也包括了两个外部中断请求的标志位 IE1 和 IE0。寄存器 TCON 的格式如图 3-3 所示。

TCON	D7	D6	D5	D4	D3	D2	D1	D0
88H	TF1	TR1	TF0	TR0	IE1	IT1	IE0	IT0

图 3-3　TCON 中的中断请求标志位

寄存器 TCON 中与中断系统有关的各标志位的功能如下：

(1) IT0：选择外部中断请求 0 为跳沿触发方式还是电平触发方式。

IT0=0，为电平触发方式。加到引脚 $\overline{INT0}$ 上的外部中断请求输入信号为低电平有效。

IT0=1，为跳沿触发方式。加到引脚 $\overline{INT0}$ 上的外部中断请求输入信号电平从高到低的负跳变有效。

(2) IE0：外部中断请求 0 的中断请求标志位。

当 IT0=0 时，外部中断请求 0 被置为电平触发方式，CPU 在指令的每个机器周期的 S5P2 采样 $\overline{INT0}$ 引脚，若 $\overline{INT0}$ 脚为低电平，则 IE0 置"1"，说明有中断请求，否则 IE0 置"0"。

当 IT0=1 时，外部中断请求 0 被置为跳沿触发方式，若 CPU 在指令的第一个机器周期采样到 $\overline{INT0}$ 为低电平，则 IE0 置"1"，表示外部中断 0 正在向 CPU 申请中断。当 CPU 响应中断，转向中断服务程序时，则由硬件自动使 IE0 清零。

(3) IT1：外部中断请求 1 为跳沿触发方式还是电平触发方式，功能与 IT0 类似。

(4) IE1：外部中断请求 1 的中断请求标志位，功能与 IE0 类似。

(5) TF0：定时器/计数器 T0 的溢出中断请求标志位。

当启动定时器/计数器 T0 计数后，T0 从初值开始加 1 计数，当最高位产生溢出时，由硬件置 TF0 为"1"，向 CPU 申请中断。CPU 响应 TF0 中断时，TF0 由硬件自动清零，TF0 也可由软件清零。

(6) TF1：定时器/计数器 T1 的溢出中断请求标志位，功能和 TF0 类似。

TF0、TF1 两个位与中断无关，仅与定时器/计数器 T0 和 T1 有关。

当 MCS-51 复位后，TCON 被清零，则 CPU 关中断，所有中断请求被禁止。

SCON 为串行口控制寄存器，字节地址为 98H。SCON 的低二位锁存串行口的发送中断和接收中断的中断请求标志为 TI 和 RI，其格式如图 3-4 所示。

SCON	D7	D6	D5	D4	D3	D2	D1	D0
98H	--	--	--	--	--	--	TI	RI

图 3-4　SCON 中的中断请求标志位

(1) TI：发送中断请求标志位。

CPU 将一个字节的数据写入发送缓冲器 SBUF 时，就启动一帧串行数据的发送，串口每发送完一帧串行数据后，硬件自动置 TI 标志位为"1"。CPU 响应该中断时，TI 标志并不自动清零，必须在中断服务程序中用软件对 TI 标志清零。

(2) RI：接收中断请求标志位。

在串口接收完一个数据帧后，硬件自动对 RI 标志位置"1"。CPU 响应中断时，RI 标志并不自动清零，必须在中断服务程序中用软件对 RI 标志位清零。

3.1.3 中断控制

MCS-51 的 CPU 对中断源的开放或屏蔽由片内的中断允许寄存器 IE 控制,字节地址为 A8H, 可位寻址,中断允许寄存器 IE 的格式格式如图 3-5 所示。

IE	D7	D6	D5	D4	D3	D2	D1	D0
A8H	EA	--	--	ES	ET1	EX1	ET0	EX0

图 3-5   中断允许寄存器 IE 的格式

1. 中断允许寄存器 IE

中断允许寄存器 IE 对中断的开放和关闭为两级控制,有一个总的中断控制位 EA(IE.7 位)。当 EA=0 时,所有的中断请求被屏蔽,CPU 对任何中断请求都不接受;当 EA=1 时,CPU 开放中断,但 5 个中断源的中断请求是否允许,还要由 IE 中的低 5 位所对应的 5 个中断请求控制位的状态来决定。IE 中各位的功能如下:

(1) EA:中断允许总控制位。

EA = 0:CPU 屏蔽所有的中断请求(CPU 关中断)。

EA = 1:CPU 开放所有的中断请求(CPU 开中断)。

(2) ES:串行口中断允许位。

ES = 0:禁止串行口中断。

ES = 1:允许串行口中断。

(3) ET1:定时器/计数器 T1 的溢出中断允许位。

ET1 = 0:禁止 T1 溢出中断。

ET1 = 1:允许 T1 溢出中断。

(4) EX1:外部中断 1 中断允许位。

EX1 = 0:禁止外部中断 1 中断。

EX1 = 1:允许外部中断 1 中断。

(5) ET0:定时器/计数器 T0 的溢出中断允许位。

ET0 = 0:禁止 T0 溢出中断。

ET0 = 1:允许 T0 溢出中断。

(6) EX0:外部中断 0 中断允许位。

EX0 = 0:禁止外部中断 0 中断。

EX0 = 1:允许外部中断 0 中断。

MCS-51 复位后,IE 清零,所有中断请求被禁止。IE 中与各个中断源相应的位用指令置"1"或清零,即可允许或禁止各中断源的中断申请。若使某一个中断源被允许中断,除了 IE 相应的位被置"1"外,还必须使 EA 位置"1"。

改变 IE 的内容,可由位操作指令来实现,也可用字节操作指令来实现。

2. 中断优先级寄存器 IP

MCS-51 的中断请求源有两个中断优先级,每一个中断请求源可由软件定为高优先级中断或低优先级中断,也可实现两级中断嵌套。所谓两级中断嵌套,就是 MCS-51 正在执行低优先级中断的服务程序时，可被高优先级中断请求所中断，处理完毕高优先级中断后，再返回低优先级服务程序继续执行的过程。

关于各中断源的中断优先级的关系，可归纳为下面两条基本规则：

(1) 低优先级可被高优先级中断，反之则不能。

(2) 同级中断不会被它的同级中断源所中断。若 CPU 正在执行高优先级的中断，则不能被任何中断源所中断。

MCS-51 的片内有一个中断优先级寄存器 IP，其字节地址为 B8H，可位寻址，可以用程序改变其内容，即可进行各中断源中断优先级的设置。IP 寄存器的格式如图 3-6 所示。

IP	D7	D6	D5	D4	D3	D2	D1	D0
B8H	--	--	--	PS	PT1	PX1	PT0	PX0

图 3-6　中断优先级寄存器 IP 的格式

中断优先级寄存器 IP 各位的含义：

(1) PS：串行口中断优先级控制位。

　　PS = 1：高优先级中断。

　　PS = 0：低优先级中断。

(2) PT1：定时器 T1 中断优先级控制位。

　　PT1 = 1：高优先级中断。

　　PT1 = 0：低优先级中断。

(3) PX1：外部中断 1 中断优先级控制位。

　　PX1 = 1：高优先级中断。

　　PX1 = 0：低优先级中断。

(4) PT0：定时器 T0 中断优先级控制位。

　　PT0 = 1：高优先级中断。

　　PT0 = 0：低优先级中断。

(5) PX0：外部中断 0 中断优先级控制位。

　　PX0 = 1：高优先级中断。

　　PX0 = 0：低优先级中断。

中断优先级控制寄存器 IP 的各位都可由软件置"1"和清零，以改变各中断源的中断优先级。

MCS-51 复位后，IP 的内容为 0，各个中断源均为低优先级中断。

MCS-51 的中断系统有两个不可寻址的"优先级激活触发器"，一个用来指示某高优先级的中断正在执行，所有后来的中断均被阻止；另一个用来指示某低优先级的中断正在执行，所有同级中断都被阻止，但不阻断高优先级的中断请求。

若同时收到几个同一优先级的中断请求时，优先响应哪一个中断取决于内部的查询顺序。查询顺序如下：外部中断 0、T0 溢出中断、T1 溢出中断、串口中断的中断优先级依次降低，即外部中断 0 的中断优先级最高，串口中断的中断优先级最低。

3.1.4 响应中断的条件

一个中断请求如果要被响应，需满足以下必要条件：

(1) IE 寄存器中的中断允许总控制位 EA=1。

(2) 该中断源发出中断请求，即该中断源对应的中断请求标志为 "1"。

(3) 该中断源的中断允许位=1，即该中断没有被屏蔽。

(4) 无同级或更高级中断正在被服务。

中断响应就是 CPU 对中断源提出的中断请求的接受。当 CPU 查询到有效的中断请求时，在满足上述条件时，紧接着就进行中断响应。

各个中断的中断入口地址如表 3-2 所示。

表 3-2 中断入口地址表

中断源	中断入口地址
外部中断 0	0003H
定时器/计数器 T0	000BH
外部中断 1	0013H
定时器/计数器 T1	001BH
串口中断	0023H

中断响应是有条件的，并不是查询到所有中断请求都能被立即响应，当遇到下列三种情况之一时，中断响应被封锁。

(1) CPU 正在处理同级的或更高优先级的中断。

(2) 所查询的机器周期不是当前正在执行指令的最后一个机器周期，只有在当前指令执行完毕后，才能进行中断响应。

(3) 正在执行的指令是 RETI 或是访问 IE 或 IP 的指令，需要再去执行完一条指令，才能响应新的中断请求。

如果存在上述三种情况之一，CPU 将丢弃中断查询结果，不能对中断进行响应。

3.1.5 外部中断的响应时间

以外部中断为例，在每个机器周期的 S5P2 期间，INT0 和 INT1 引脚的电平被锁存到 TCON 的 IE0 和 IE1 标志位，CPU 在下一个机器周期才会查询这些值，这时如果满足中断响应条件，下一条要执行的指令将是一条硬件长调用指令，使该程序转至中断源矢量地址入口。硬件长调用指令本身要花费 2 个机器周期，这样从外部中断请求有效到开始执行中断服务程序的第一条指令，中间要隔 3 个机器周期，这是最短的响应时间，如果遇到中断受阻的情况，则中断响应时间会更长一些。

若系统中只有一个中断源，则响应时间在 3~8 个机器周期之间。

3.1.6　外部中断的触发方式

1. 电平触发方式

当 IT=0 时，外部中断为电平触发方式。该方式下 CPU 在每个机器周期的 S5P2 期间对引脚采样，若测得为低电平，则认为有中断申请，随即使 IE 相应标志位置位；若测得为高电平，认为无中断申请或中断申请已撤除，随即清除 IE 相应标志位。在电平触发方式中，CPU 响应中断后不能自动清除 IE 标志位，也不能由软件清除 IE 标志位，所以在中断返回前必须撤消引脚上的低电平，否则将再次中断造成出错。

所有电平方式适合于外中断以低电平输入且中断服务程序能清除外部中断请求(即外部中断输入电平又变为高电平)的情况。

2. 下降沿触发方式

当 IT=1 时，外部中断设置为边沿触发方式。CPU 在每个机器周期的 S5P2 期间采样 INT 引脚，若在连续两个机器周期采样到先高后低的电平变化，则将 IE 相应标志置"1"，此标志一直保持到 CPU 响应中断时，才由硬件自动清除，这样不会丢失中断，但输入的负脉冲宽度至少保持 1 个机器周期(若晶振频率为 12 MHz，则为 1 μs)，才能被 CPU 采样到。外部中断的跳沿触发方式适合于以负脉冲形式输入的外部中断请求。

3.1.7　单片机中断请求的撤销

CPU 响应某中断请求后，在中断返回(RETI)之前，该中断请求应该撤消，否则会引起另一次中断。单片机各中断源请求撤消的方法各不相同，分别如下：

(1) 定时器 0 和定时器 1 的溢出中断，CPU 在响应中断后，就由硬件自动清除 TF0 或 TF1 标志位。

(2) 外部中断请求的撤消与设置的中断触发方式有关。对于边沿触发方式的外部中断，CPU 在响应中断后，也是由硬件自动将 IE0 或 IE1 标志位清除的。对于电平触发方式的外部中断请求的撤消，除了标志位清零之外，还需在中断响应后把中断请求信号引脚从低电平强制改变为高电平，电平方式外部中断请求的撤销电路如图 3-7 所示。

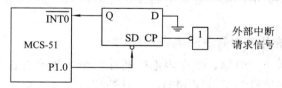

图 3-7　电平方式外部中断请求的撤销电路

由图 3-7 可知，用 D 触发器锁存外来的中断请求低电平，并通过 D 触发器的输出端 Q 接到 $\overline{INT0}$ (或者 $\overline{INT1}$)，所以增加的 D 触发器不影响中断请求。中断响应后，为了撤销中断请求，可利用 D 触发器的直接置"1"端 SD 实现，把 SD 端接到单片机的 P1.0 脚上。因此，只要 P1.0 端输出一个负脉冲就可以使 D 触发器置"1"，从而撤销了低电平的中断请求信号。所需的负脉冲在中断服务程序中增加如下指令即可得到：

```
p10 = 1;
p10 = 0;
```

```
    p10 = 1;
```
所以电平方式的外部中断请求信号的完全撤消是通过软、硬件相结合的方法来实现的。

(3) 串行口的中断。CPU 响应后，无法知道是接收中断还是发送中断，还需测试这两个中断标志位的状态，以判定是接收操作还是发送操作，然后才能清除。硬件不能自动清除 TI 和 RI 标志位，因此 CPU 响应中断后，须在中断服务程序中用软件清除相应的中断标志位，以撤消中断请求。

3.1.8　单片机中断服务子程序的设计

中断系统的运行必须与中断服务子程序相配合才能正确使用。

1．中断服务子程序设计的任务

中断服务子程序的基本任务有如下四个：

(1) 设置中断允许控制寄存器 IE，允许相应的中断请求源中断。

(2) 设置中断优先级寄存器 IP，确定并分配所使用的中断源的优先级。

(3) 对于外部中断源，还要设置中断请求是采用电平触发还是跳沿触发。

(4) 编写中断服务程序，处理中断请求。

2．中断服务子程序的处理

CPU 响应中断结束后即转至中断服务程序入口。从中断服务程序的第一条指令开始到返回指令为止，这个过程称为中断处理或称为中断服务。一般情况下，中断处理包括两部分：一是保护现场；二是中断源服务。

3．中断服务子程序的返回

中断处理程序的最后一条指令是中断返回指令，它的功能是将断点弹出送回 PC 中，使程序能返回到原来被中断的程序继续执行。

3.1.9　单片机外部中断扩充方法

MCS-51 单片机为用户提供了两个外部中断请求输入端。在实际的应用系统中，两个外部中断请求源往往不够用，需对外部中断源进行扩充。下面介绍两种扩充外部中断源的方法。

1．利用定时器扩充外部中断源法

单片机系统中有两个定时器、两个内部中断标志和外部计数输入引脚。当定时器设置为计数方式时，计数初值设为满量程 FFH，一旦外部信号从计数器引脚输入一个负跳变信号，计数器加 1 产生溢出中断，从而可以转去处理该外部中断源的请求。因此我们可以把外部中断源作为边沿触发输入信号，接至定时器的 T0(P3.4)或 T1(P3.5)引脚上，作为外部中断源来使用。

2．中断和查询结合法

利用单片机的两根外部中断输入线，每一根中断输入线可以通过线或的关系连接多个外部中断源，同时利用输入端口线作为各中断的识别线。多外部中断连接法电路见图 3-8 中的多外部中断源连接方法。

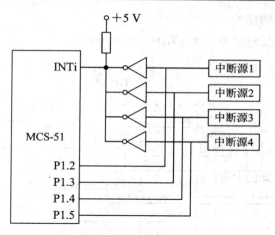

图 3-8　多外部中断连接法电路

图 3-8 中的 4 个外部中断源通过集电极开路的 OC 门构成线或的关系，4 个中断请求输入均发给 CPU。无论哪一个外设申请中断，都会使 INTi 引脚变低。究竟是哪一个外设申请中断，可以通过程序查询 P1.2～P1.5 的逻辑电平获知。这 4 个中断源的优先级，设为中断源 1 最高，中断源 4 最低，软件查询时由最高至最低的顺序查询。

3.2　单片机的定时器/计数器

在测量控制系统中，常常要求有实时时钟来实现定时测控或延时动作，也会要求有计数器实现对外部事件计数，例如测电机转速、频率、脉冲个数等。

实现定时/计数有软件延时、数字电路硬件定时和可编程定时/计数器三种主要方法：

(1) 软件定时是让机器执行一个程序段，这个程序段本身没有具体的执行目的，通过正确的挑选指令和安排循环次数实现软件延时。由于执行每条指令都需要时间，执行这一段程序所需要的时间就是延时时间。这种软件定时占用 CPU 的执行时间，降低了 CPU 的工作效率。

(2) 数字电路硬件定时可采用小规模集成电路器件 555，外接定时部件(电阻和电容)构成。这样的定时电路简单，但要改变定时范围，必须改变电阻和电容，且在硬件连接好后，修改不方便。

(3) 可编程定时/计数器是为方便微机系统的设计和应用而研制的，它即可硬件定时，又可以通过软件编程来确定定时时间。MCS-51 单片机内部有两个 16 位的定时/计数器 T0和 T1。

3.2.1　定时器/计数器的结构与工作原理

定时器/计数器的实质是加 1 计数器(16 位)，由高 8 位和低 8 位两个寄存器组成。TMOD是定时器/计数器的工作方式寄存器，用于确定工作方式和功能；TCON 是控制寄存器，用于控制 T0、T1 的启动和停止及设置溢出标志。

1．定时器/计数器的结构

MCS-51 单片机内部定时器的逻辑结构如图 3-9 所示。

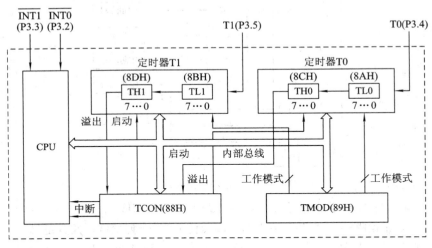

图 3-9　MCS-51 单片机定时器/计数器逻辑结构框图

MCS-51 单片机内部有两个 16 位可编程的定时器/计数器，简称定时器 0、定时器 1，分别用 T0、T1 表示。定时器/计数器 T0 由特殊功能寄存器 TH0、TL0 构成，定时器/计数器 T1 由特殊功能寄存器 TH1、TL1 构成，它们的工作方式、定时时间、量程、启动方式等均可以通过程序来设置和改变。

MCS-51 单片机内部还有一个 8 位的定时器方式寄存器 TMOD 和一个 8 位的定时器控制寄存器 TCON，这些寄存器之间是通过内部总线和控制逻辑电路连接起来的。TMOD 主要是用于选定定时器的工作方式，TCON 主要是用于控制定时器的启动和停止，此外 TCON 还可以保存 T1、T0 的溢出和中断标志。当定时器工作在计数方式时，外部事件是通过引脚 T0(P3.4) 和 T1(P3.5) 输入的。

两个可编程的定时器/计数器 T1、T0 都具有定时器和计数器两种工作模式、4 种工作方式(方式 0～方式 3)。

2．定时器/计数器的工作原理

定时/计数器对内部的机器周期个数计数就实现了定时，对片外脉冲个数的计数就是计数功能。

在作定时器使用时，输入的时钟脉冲是由晶体振荡器的输出经 12 分频后得到的，所以定时器也可看作是对单片机机器周期个数的计数器，当晶体振荡器连接确定后，机器周期的时间也就确定了，这样就实现了定时功能。

在作计数器使用时，接相应的外部输入引脚 T0(P3.4) 或 T1(P3.5)。在这种情况下，当检测到输入引脚上的高电平由高跳变到低时，计数器就加 1。每个机器周期的 S5P2 时采样外部输入，当采样值在第一个机器周期为高，在第二个机器周期为低时，则在下一个机器周期的 S3P1 期间计数器加 1。由于确认一次负跳变要花两个机器周期，即 24 个振荡周期，因此外部输入的计数脉冲的最高频率为系统振荡频率的 1/24，这就要求输入信号的电平应在跳变后至少一个机器周期内保持不变，以保证在给定的电平再次变化前至少被采样一次。

3.2.2　T0 和 T1 定时器/计数器的控制

MCS-51 系列单片机的定时/计数器是一种可编程序的部件，在定时/计数器开始工作之前，CPU 必须将一些命令(称为控制字)写入该定时/计数器，这个过程称为定时/计数器的初始化。在初始化程序中，要将工作方式控制字写入模式控制寄存器 TMOD，工作状态控制字(或相关位)写入控制寄存器 TCON。

1. 定时器/计数器的模式控制寄存器 TMOD

特殊功能寄存器 TMOD 为定时器的模式控制寄存器，占用的字节地址为 89H，不可以进行位寻址，该寄存器 TMOD 的定义格式如图 3-10 所示。如果要定义定时器的工作方式，需要采用字节操作指令赋值，其中高 4 位用于定时器 T1，低 4 位用于定时器 T0。系统复位时 TMOD 所有位均为 0。

TMOD	D7	D6	D5	D4	D3	D2	D1	D0
89H	GATE	$C/\overline{T}$	M1	M0	GATE	$C/\overline{T}$	M1	M0

图 3-10　模式控制寄存器 TMOD 的定义格式

TMOD 各位的功能如下(以 T0 为例)：

(1) GATE：门控位，用来控制定时器的启动操作方式。

当 GATE = 0 时，定时器只由软件控制 TR0 位的启、停。TR0 = 1 时，定时器启动开始工作；TR0 = 0 时，定时器停止工作。

当 GATE = 1 时，定时器的启动要由外部中断引脚和 TR0 位共同控制。只有当外部中断引脚为高时，TR0 置 1 才能启动定时器工作。

(2) $C/\overline{T}$：功能选择位。当 $C/\overline{T}$ = 0 时设置为定时器工作方式，计数脉冲由内部提供，计数周期等于机器周期；当 $C/\overline{T}$ = 1 时设置为计数器工作方式，计数脉冲为外部引脚 T0 或 T1 引入的外部脉冲信号。

(3) M1、M0：T0 和 T1 操作模式控制位，两位可形成 4 种编码，对应于 4 种操作模式。4 种模式定义如表 3-3 所示。

表 3-3　M1、M0 工作方式选择

M1	M0	工作方式
0	0	方式 0：为 13 位定时器/计数器，只用 TL0 低 5 位和 TH0 的 8 位
0	1	方式 1：为 16 位定时器/计数器
1	0	方式 2：为 8 位自动重装初值的定时器/计数器
1	1	方式 3：仅使用于 T0，此时 T0 分成 8 位计数器，T1 停止计数

2. 控制寄存器 TCON

TCON 的字节地址为 88H，可进行位寻址(位地址为 88H～8FH)，用于控制定时器的启、停及定时器的溢出标志和外部中断触发方式等，控制寄存器 TCON 的定义格式如图 3-11 所示。

TCON	D7	D6	D5	D4	D3	D2	D1	D0
88H	TF1	TR1	TF0	TR0	IE1	IT1	IE0	IT0

图 3-11　控制寄存器 TCON 的定义格式

其中低 4 位与外部中断有关，在前面已经详细介绍，高 4 位的功能如下：

(1) TF0、TF1：分别为定时器 T0、T1 的计数溢出标志位。

当计数器计数溢出时，该位置"1"。编程在使用查询方式时，此位作为状态位供 CPU 查询，查询后由软件清零；使用中断方式时，此位作为中断请求标志位，中断响应后由硬件自动清零。

(2) TR0、TR1：分别为定时器 T0、T1 的运行控制位，可由软件置"1"或清零。

TR0 或 TR1 = 1，启动定时/计数器 T0 或 T1 工作。

TR0 或 TR1 = 0，停止定时/计数器 T0 或 T1 工作。

3.2.3　T0 和 T1 定时器/计数器的工作方式

定时/计数器可以通过特殊功能寄存器 TMOD 中的控制位 C/$\overline{T}$ 的设置来选择定时器方式或计数器方式；通过 M1、M0 两位的设置选择 4 种工作方式，分别为方式 0、方式 1、方式 2 和方式 3。现以定时/计数器 T0 为例加以说明。

1．方式 0

当 M1M0 为 00 时，定时器选定为方式 0 工作。在这种方式下，16 位寄存器(由特殊功能寄存器 TL0 和 TH0 组成)只用了 13 位，TL0 的高 3 位未用，由 TH0 的 8 位和 TL0 的低 5 位组成一个 13 位的定时/计数器，其最大的计数次数为 2^{13} 次。如果单片机采用 6 MHz 晶振，机器周期为 2 μs，则该定时器的最大定时时间为 2^{14} μs。定时/计数器工作方式 0 的逻辑结构图如图 3-12 所示。

当 GATE = 0 时，只要 TCON 中的启动控制位 TR0 为 1，由 TL0 和 TH0 组成的 13 位计数器就开始计数。

当 GATE = 1 时，此时仅仅 TR0 = 1 仍不能使计数器开始工作，还需要 $\overline{INT0}$ 引脚为 1 才能使计数器工作，即当 $\overline{INT0}$ 由 0 变 1 时，开始计数，由 1 变 0 时，停止计数，这样可以用来测量在 $\overline{INT0}$ 端的脉冲高电平的宽度。

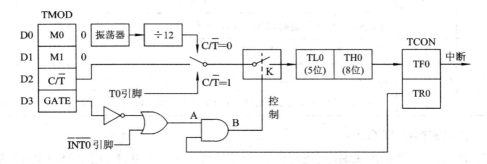

图 3-12　定时/计数器工作方式 0 的逻辑结构图

当 13 位计数器加 1 到全为 1 后，再加 1 就会产生溢出。溢出使 TCON 的溢出标志位

TF0 自动置 1，同时计数器 TH0(8 位)、TL0(低 5 位)变为全 0。如果要循环定时，必须要用软件重新装入初值。

2．方式 1

当 M1M0 为 01 时，定时器选定为方式 1 工作。在这种方式下，16 位寄存器由特殊功能寄存器 TL0 和 TH0 组成一个 16 位的定时/计数器，其最大的计数次数应为 2^{16} 次。如果单片机采用 6 MHz 晶振，机器周期为 2 μs，则该定时器的最大定时时间为 2^{17} μs。定时/计数器工作方式 1 的逻辑结构图如图 3-13 所示。除了计数位数不同外，方式 1 与方式 0 的工作过程相同。

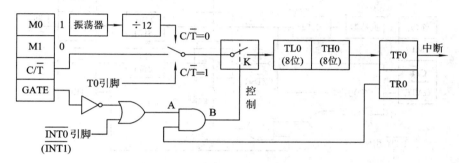

图 3-13　定时/计数器工作方式 1 的逻辑结构图

3．方式 2

方式 2 是自动重装初值的 8 位定时/计数器。方式 0 和方式 1 当计数溢出时，计数器变为全 0，因此再循环定时的时候，需要反复重新用软件给 **TH** 和 **TL** 寄存器赋初值，这样会影响定时精度。方式 2 就是针对此问题而设置的。

当 M1M0 为 10 时，定时器选定为方式 2 工作。在这种方式下，8 位寄存器 TL0 作为计数器，TL0 和 TH0 装入相同的初值，当计数溢出时，在置 1 溢出中断标志位 **TF0** 的同时，**TH0** 的初值自动重新装入 TL0。在这种工作方式下其最大的计数次数应为 2^8 次。如果单片机采用 6 MHz 晶振，机器周期为 2 μs，则该定时器的最大定时时间为 2^9 μs。定时/计数器工作方式 2 的逻辑结构图如图 3-14 所示。

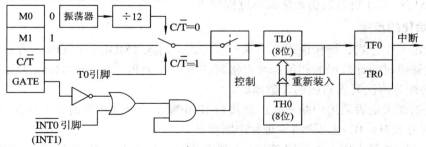

图 3-14　定时/计数器工作方式 2 的逻辑结构图

4．方式 3

当 M1M0 为 11 时，定时器选定为方式 3 工作。方式 3 只适用于定时/计数器 T0，定时/计数器 T1 不能工作在方式 3。

定时/计数器 T0 分为两个独立的 8 位计数器：TL0 和 TH0，定时/计数器工作方式 3 的逻辑结构图如图 3-15 所示。TL0 使用 T0 的状态控制位 $C/\overline{T}$、GATE、TR0 及 $\overline{INT0}$，而 TH0 被固定为一个 8 位定时器(不能作外部计数方式)，并使用定时器 T1 的状态控制位 TR1 和 TF1，同时占用定时器 T1 的中断源。

一般情况下，当定时器 T1 用作串行口的波特率发生器时，定时/计数器 T0 才工作在方式 3。当定时器 T0 处于工作方式 3 时，定时/计数器 T1 可定为方式 0、方式 1 和方式 2，作为串行口的波特率发生器或不需要中断的场合。

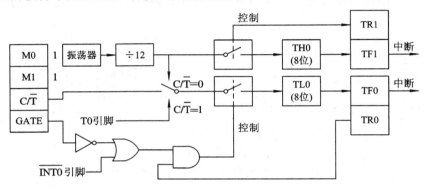

图 3-15　定时/计数器工作方式 3 的逻辑结构图

3.2.4　计数器模式对输入信号的要求

T0(P3.4)和 T1(P3.5)两个引脚作为计数输入端，外部输入的脉冲在出现从 1 到 0 的负跳变时有效，计数器进行加 1。计数方式下，单片机在每个机器周期的 S5P2 时对外部计数脉冲进行采样。如果前一个机器周期采样为高电平，后一个机器周期采样为低电平，则为一个有效的计数脉冲，在下一个机器周期的 S3P1 进行计数。由于采样计数脉冲需要两个机器周期，即 24 个振荡周期，因此计数脉冲的频率最高为振荡脉冲频率的 $1/24$。

3.2.5　定时器/计数器的初始化编程

MCS-51 定时/计数器的初始化编程过程如下。

1. 初始化的步骤

(1) 确定工作方式、操作模式、启动控制方式：写入 TMOD、TCON 寄存器。

(2) 设置定时或计数器的初值：可直接将初值写入 TH0、TL0 或 TH1、TL1 中。16 位计数初值必须分两次写入对应的计数器。

(3) 根据要求是否采用中断方式：直接对 IE 位赋值。开放中断时，对应位置"1"；采用程序查询方式时，IE 相应位清零进行中断屏蔽。

(4) 启动定时器工作：可使用 TR0 = 1 或者 TR1 = 1 启动。T0 或 T1 若设置为软启动，即 GATE 设置为 0 时，以上指令执行后，定时器即可开始工作。若 GATE 设置为 1，且当 $\overline{INT0}$ 或者 $\overline{INT1}$ 引脚电平为高时，以上指令执行后定时器方可启动工作。

2. 计数初值的计算

若设最大计数值为 2^n，n 为计数器位数，各操作模式下的 2^n 值为：

模式 0：$2^n = 8192$，$n = 13$。

模式 1：$2^n = 65536$，$n = 16$。

模式 2：$2^n = 256$，$n = 8$。

模式 3：$2^n = 256$，$n = 8$，定时器 T0 分成两个独立的 8 位计数器，所以 TH0、TL0 的最大计数值均为 256。

单片机中的 T0、T1 定时器均为加 1 计数器，当加到最大值(00H 或 0000H)时产生溢出，将 TF0 或者 TF1 位置"1"，可发出溢出中断，因此计数器初值 X 的计算式为：$X=2^n-$ 计数值。

(1) 计数工作方式时，对外部脉冲进行计数，其计数初值为：$X=2^n-$计数值。

(2) 定时工作方式时，对机器周期进行计数，故计数脉冲频率为 $f_{cont}=f_{osc}/6$，计数周期 $T=1/f_{cont}$，定时工作方式的计数初值 $X=2^n-$计数值$=2^n-t/T=2^n-(f_{osc}\times t)/(12$ 或 $6)$。

3.3 单片机的串行通信

3.3.1 串行口的结构与功能

MCS-51 系列单片机有一个可编程的全双工串行通信接口，它既可作为 UART，也可作为同步移位寄存器，其帧格式可为 8 位、10 位或 11 位，并可以设置各种不同的波特率，通过引脚 RXD(P3.0,串行数据接收端)和引脚 TXD(P3.1,串行数据发送端)与外界进行通信。该接口不仅能同时进行数据的发送和接收，还可作为一个移位寄存器使用。MCS-51 系列单片机串行口的结构框图如图 3-16 所示，主要由发送控制器、接收控制器和串行控制寄存器组成。

由图 3-16 可知，发送电路由发送 SBUF 和发送控制器等组成；接收电路由接收 SBUF、接收移位寄存器和接收控制器等组成。发送 SBUF 和接收 SBUF 都是 8 位数据缓冲寄存器：发送 SBUF 用于存放将要发送的数据，接收 SBUF 用于存放串行口接收到的数据。CPU 可以通过执行读取和接收指令对它们进行存取，具体过程如下：

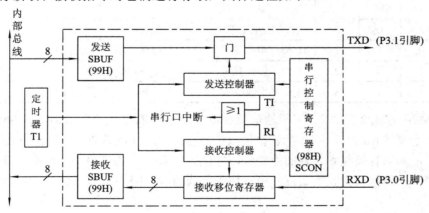

图 3-16 MCS-51 串行口结构框图

(1) 两个在物理上独立的接收、发送缓冲器 SBUF，占用同一地址 99H，可同时发送、接收数据。发送缓冲器只能写入，不能读出；接收缓冲器只能读出，不能写入。

(2) 串行发送与接收的速率与移位时钟同步，定时器 T1 作为串行通信的波特率发生器，T1 溢出率经 2 分频(或不分频)又经 16 分频作为串行发送或接收的移位时钟。移位时钟的速率即波特率。

(3) 接收器是双缓冲结构，在前一个字节被接收缓冲器读出之前，第二个字节即开始被接收，但当第二个字节接收完毕而前一个字节 CPU 未读取时，就会丢失前一个字节内容。

(4) 串行口的发送：SBUF = temp，一帧数据发送完毕，TI = 1。

(5) 串行口的接收：当一帧数据接收完毕，RI = 1，temp = SBUF。

(6) 串行口是一个可编程接口，由串行口控制寄存器 SCON 和电源控制寄存器 PCON 设置。

3.3.2 串行口的控制寄存器

要控制单片机的串口必须对相应的控制寄存器进行设置，和串口相关的寄存器有串行口控制寄存器(SCON)和串行口电源控制寄存器(PCON)。

1. 串行口控制寄存器(SCON)的格式

串行口控制寄存器(SCON)用于设置串行口的工作方式、监视串行口工作状态、发送与接收的状态控制等，它是一个既可字节寻址又可位寻址的特殊功能寄存器，地址为 98H。串行口控制寄存器(SCON)的格式如图 3-17 所示。

SCON	D7	D6	D5	D4	D3	D2	D1	D0
98H	SM0	SM1	SM2	REN	TB8	RB8	TI	RI

图 3-17　串行口控制寄存器(SCON)的格式

SCON 各位的定义：

(1) SM0、SM1：工作方式选择位。串行口工作方式选择详见表 3-4。

表 3-4　串行口工作方式选择

SM0	SM1	方式	功　　能	波　特　率
0	0	0	同步移位寄存器	$f_{osc}/12$
0	1	1	10 位异步收发	可变，由定时器控制
1	0	2	11 位异步收发	$f_{osc}/64$ 或 $f_{osc}/32$
1	1	3	11 位异步收发	可变，由定时器控制

(2) SM2：方式 2、方式 3 多机通信控制位。在方式 2、3 处于接收时，若 SM2 = 1，且接收到第 9 位数 RB8 为 0，则不能置位接收中断标志 RI，接收数据失效；在方式 1 接收时，若 SM2 = 1，则只有接收到有效的停止位，才能置位 RI；在方式 0 时，SM2 应为 0。

(3) REN：串行口接收控制位，由软件置位或清零。REN = 1，允许接收；REN = 0，禁止接收。

(4) TB8：发送数据的第 9 位。在方式 2 和方式 3 中，要发送的第 9 位数据存放在 TB8 位，可用软件置位或清零。它可作为通信数据的奇偶校验位。在单片机的多机通信中，TB8

常用来表示是地址帧还是数据帧，"1"表示地址帧，"0"表示数据帧。

(5) RB8：在方式 2 和方式 3 中，接收到的第 9 位数据就存放在 RB8。它可以是约定的奇偶校验位。在单片机的多机通信中用它作为地址或数据标识位。在方式 1 中，若 SM2 = 0，则 RB8 存放已接收的停止位；在方式 0 中，该位未用。

(6) TI：发送中断请求标志。在一帧数据发送完后被置位。在方式 0 时，发送第 8 位结束时由硬件置位；在方式 1、2、3 中，在停止位开始发送时由硬件置位。置位 TI 意味着向CPU 提供"发送缓冲器已空"的信息，CPU 响应后发送下一帧数据。在任何方式中，TI都必须由软件清零。

(7) RI：接收中断请求标志。在接收到一帧数据后由硬件置位。在方式 0 时，当接收第 8 位结束时由硬件置位；在方式 1、方式 2、方式 3 中，在接收到停止位的中间点时由硬件置位。RI = 1，表示请求中断，CPU 响应中断后，从 SBUF 取出数据。但在方式 1 中，当 SM2 = 1 时，若未接收到有效的停止位，则不会对 RI 置位。在任何方式中，RI 都必须由软件清零。

由图 3-16 可知，串行口的中断无论是接收中断还是发送中断，当 CPU 响应中断时都进入 0023H 程序地址，执行串行口的中断服务子程序，这时由软件来判别是接收中断，还是发送中断。而中断标志必须在中断服务子程序中加以清除，以防出现一次中断多次响应的现象。

在系统复位时，SCON 的所有位均被清零。

2. 串行口电源控制寄存器(PCON)的格式

PCON 为电源控制寄存器，是特殊功能寄存器，地址为 87H。PCON 中的第 7 位与串行口有关。串行口电源控制寄存器(PCON)的格式如图 3-18 所示。

PCON	D7	D6	D5	D4	D3	D2	D1	D0
87H	SMOD	--	--	--	GF1	GF0	PD	IDL

图 3-18　串行口电源控制寄存器(PCON)的格式

SMOD 为波特率选择位。在方式 1、方式 2 和方式 3 时，串行通信波特率与 SMOD 成正比，即当 SMOD = 1 时，通信波特率可以提高一倍。

PCON 中的其余各位用于单片机的电源控制。当 PD = 1 时，进入掉电方式；当 IDL = 1时，进入冻结方式。其余 GF1、GF0 为通用标志位。

3.3.3　串行口的工作方式

MCS-51 单片机串行口有方式 0、方式 1、方式 2 和方式 3 四种工作方式，现对每种工作方式下的特点作进一步的说明。

1. 方式 0

方式 0 即同步移位寄存器输入/输出工作方式。8 位串行数据的输入或输出都是通过RXD 端，而 TXD 端用于输出同步移位脉冲。波特率固定为单片机振荡频率(f_osc)的 1/12。串行传送数据 8 位为一帧(没有起始、停止、奇偶校验位)，由 RXD(P3.0)端输出或输入，低位在前，高位在后。TXD(P3.1)端输出同步移位脉冲，可以作为外部扩展的移位寄存器的移位时钟，因而串行口方式 0 常用于扩展外部并行 I/O 口。方式 0 的帧格式如图 3-19 所示。

…	D0	D1	D2	D3	D4	D5	D6	D7	…

图 3-19   方式 0 的帧格式

(1) 方式 0 发送。

串行口可以外接串行输入/并行输出的移位寄存器，如 74LS164，用以扩展并行输出口，方式 0 扩展并行输出口电路如图 3-20 所示。当 CPU 执行一条将数据写入发送缓冲器 SBUF 的指令时，产生一个正脉冲，串行口即把 SBUF 中的 8 位数据以 $f_{osc}/12$ 的固定波特率从 RXD 引脚串行输出，低位在先，逐位移入 74LS164。8 位全部移完，TI = 1。如要再发送，必须先将 TI 清零。串行发送时，外部可扩展一片(或几片)串入/并出的移位寄存器，方式 0 的发送时序如图 3-21 所示。

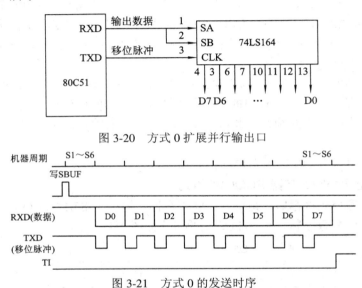

图 3-20   方式 0 扩展并行输出口

图 3-21   方式 0 的发送时序

(2) 方式 0 接收。

串行接收时，串行口可以扩展一片(或几片)并入/串出的移位寄存器，方式 0 扩展并行入口电路如图 3-22 所示，利用 74LS165，用以扩展并行输入口。向串口的 SCON 写入控制字(置为方式 0，并置"1" REN 位，同时 RI = 0)时，产生一个正脉冲，串行口即开始接收数据。RXD 为数据输入端，TXD 端输出的同步移位脉冲将 74LS165 逐位移入 RXD 端。8 位全部移完，RI = 1，表示一帧数据接收完。如要再发送，必须先将 RI 清零，方式 0 的接收时序如图 3-23 所示。

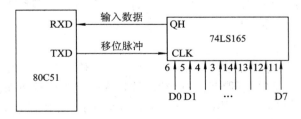

图 3-22   方式 0 扩展并行输入口

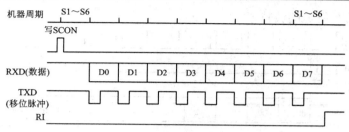

图 3-23　方式 0 的接收时序

方式 0 下，SCON 中的 TB8、RB8 位没有用到，发送或接收完 8 位数据由硬件置"1"TI 或 RI，CPU 响应中断。TI 或 RI 须由用户软件清零，可用如下指令：RI = 1 和 TI = 1。方式 0 时，SM2 位必须为 0。

2. 方式 1

方式 1 时，一帧数据为 10 位，1 个起始位(0)，8 个数据位，1 个停止位(1)，先发送或接收最低位，其帧格式如图 3-24 所示。

起始位	D0	D1	D2	D3	D4	D5	D6	D7	停止位

图 3-24　方式 1 的帧格式

方式 1 时，其波特率是可变的，由定时器 T1 的计数溢出率决定。在串行通信中，常用定时器 T1 作为波特率发生器使用。通常选用定时方式 2，避免因为重装时间常数而带来的定时误差，其波特率由下式确定：

$$方式1的波特率 = \left(2^{SMOD}\middle/32\right) \times (定时器T1的溢出率)$$

其中，SMOD 为 PCON 寄存器最高位的值(0 或 1)。

T1 溢出率为 1 s 内 T1 发生溢出的次数，它与 T1 的工作方式有关。

T1 溢出率的计算方法：

T1 方式 0：产生一次溢出的时间 $t = \dfrac{(2^{13}-X) \times 12}{f_{osc}}$

$$溢出率\ n = \frac{1}{t} = \frac{f_{osc}}{12 \times (2^{13}-X)}$$

T1 方式 1：$溢出率\ n = \dfrac{1}{t} = \dfrac{f_{osc}}{12 \times (2^{16}-X)}$

T1 方式 2：$溢出率\ n = \dfrac{1}{t} = \dfrac{f_{osc}}{12 \times (2^{8}-X)}$

(1) 方式 1 发送。

在 TI = 0 时，当执行一条数据写发送缓冲器 SBUF 的指令，就启动发送。发送开始时，内部发送控制信号变为有效，然后发送电路自动在 8 位发送字符前、后分别添加 1 位起始位和 1 位停止位，并在移位脉冲作用下，每经过一个 TX 时钟周期，便产生一个移位脉冲，并由 TXD 按照从低位到高位输出一个数据位。8 位数据位全部发送完毕后，TI 也由硬件在发送停止位时置位，即 TI = 1，向 CPU 申请中断。方式 1 的发送时序如图 3-25 所示，图中

TX 时钟的频率就是发送的波特率。

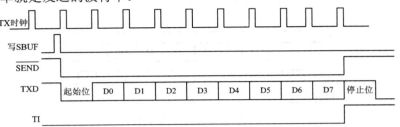

图 3-25　方式 1 的发送时序

(2) 方式 1 接收。

接收操作可在 RI = 0 和 REN = 1 的条件下进行。多接收器接收时，接收器以所选波特率的 16 倍速率采样 RXD 端电平，检测到 RXD 端输入电平发生负跳变时(起始位)，开始接收数据。内部 16 分频计数器的 16 个状态把传送每一位数据的时间 16 等分，在每个时间的 7、8、9 这三个计数状态，位检测器采样 RXD 端电平，接收的值是 3 次采样中至少有两次相同的值，这样可以防止外界的干扰。位检测采样的频率为 RX 时钟频率的 16 分频。方式 1 的接收时序如图 3-26 所示，图中 RX 时钟的频率就是接收的波特率。

如果在第一位时间内接收到的值不为 0，说明它不是一帧数据的起始位，该位被摒弃，则复位接收电路，重新搜索 RXD 端输入电平的负跳变；若接收到的值为 0，则说明起始位有效，将其移入输入移位寄存器，并开始接收这一帧数据其余部分的信息。

当 RI = 0，且 SM2 = 0(或接收到的停止位为 1)时，将接收到的 9 位数据的前 8 位数据装入 SBUF，第 9 位(停止位)装入 RB8，并置 RI = 1，向 CPU 请求中断。在方式 1 下，SM2 一般应设定为 0。

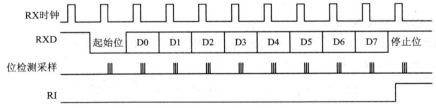

图 3-26　方式 1 的接收时序

当一帧数据接收完毕，须同时满足以下两个条件，接收才真正有效：

① RI = 0，即上一帧数据接收完成时，RI = 1 发出的中断请求已被响应，SBUF 中的数据已被取走，说明"接收 SBUF"已空。

② SM2 = 0 或收到的停止位=1(方式 1 时，停止位已进入 RB8)，则收到的数据装入 SBUF 和 RB8(RB8 装入停止位)，且置中断标志 RI 为"1"。

若上述两个条件不能同时满足，则收到的数据将丢失。

3. 方式 2 和方式 3

方式 2 和方式 3 下，串行口工作在 11 位异步通信方式。一个帧信息包含一个起始位(0)、8 个数据位、一个可编程第 9 数据位和一个停止位(1)。其中可编程位是 SCON 中的 TB8 位，在 8 个数据位之后，可作奇偶校验位或地址/数据帧的标志位使用，方式 2 和方式 3 的帧格式如图 3-27 所示。方式 2 和方式 3 两者的差异仅在于通信波特率有所不同：方式 2 的波特率是固定的, 由主频 f_{osc} 经 32 或 64 分频后提供, 方式 3 的波特率是可变的。

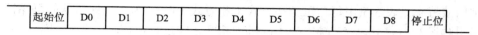

图 3-27　方式 2 和方式 3 的帧格式

方式 2 的波特率由下式确定:

$$方式2的波特率 = \left(2^{SMOD}\!\!\Big/\!\!64\right) \times f_{osc}$$

方式 3 的波特率由下式确定:

$$方式3的波特率 = \left(2^{SMOD}\!\!\Big/\!\!32\right) \times \left(定时器T1的溢出率\right)$$

(1) 方式 2(或 3)发送。

发送前, 先根据通信协议由软件设置 TB8(例如, 双机通信时的奇偶校验位或多机通信时的地址/数据的标志位), 然后将要发送的数据写入 SBUF, 即可启动发送过程。串行口能自动把 TB8 取出, 并装入到第 9 数据位的位置, 再逐一发送出去。发送完毕, 则使置位 TI 为 "1"。方式 2 和方式 3 的发送时序如图 3-28 所示。

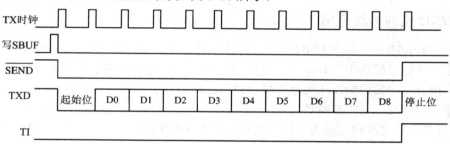

图 3-28　方式 2 和方式 3 的发送时序

(2) 方式 2(或 3)接收。

方式 2 和方式 3 的接收过程也和方式 1 类似, 所不同的是: 方式 1 时, RB8 中存放的是停止位; 方式 2 或方式 3 时, RB8 中存放的是第 9 数据位。在接收完第 9 位数据后, 需满足两个条件, 才能将接收到的数据送入 SBUF:

① RI = 0, 意味着接收缓冲器为空。

② SM2 = 0 或接收到的第 9 位数据位 RB8 = 1。

当上述两个条件满足时, 接收到的数据送入 SBUF(接收缓冲器), 第 9 位数据送入 RB8, 并置 RI 为 "1"。若不满足以上两个条件, 接收的信息将被丢弃。方式 2 和方式 3 的接收时序如图 3-29 所示。

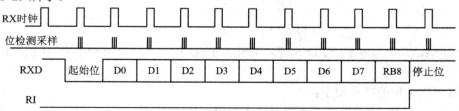

图 3-29　方式 2 和方式 3 的接收时序

4. 常用波特率表

常用波特率见表 3-5(串行口工作在方式 1 和方式 3 时)。为了保证通信的可靠性，通常波特率相对误差不大于 2%～5%。当不同机种相互之间进行通信时，要特别注意这一点。

表 3-5　常用波特率表

晶振频率/MHz	波特率/(b/s)	SMOD	TH1 方式 2 初值	实际波特率/(b/s)	误差/%
12.00	9600	1	F9H	8929	6.98
12.00	4800	0	F9H	4464	7
12.00	2400	0	F3H	2404	0.16
12.00	1200	0	E6H	1202	0.16
11.0592	19200	1	FDH	19200	0
11.0592	9600	0	FDH	9600	0
11.0592	4800	0	FAH	4800	0
11.0592	2400	0	F4H	2400	0
11.0592	1200	0	E8H	1200	0

3.3.4　单片机的多机通信

多个 MCS-51 单片机可利用其串行口进行多机通信。要保证主机与所选择的从机实现可靠的通信就必须保证串口具有识别功能。SCON 中的 SM2 位就是满足这一条件而设置的多机通信控制位，其控制原理为：在串行口以方式 2(或方式 3)接收时，若 SM2 = 1，表示置多机通信功能位，这时有两种可能：

① 接收到的第 9 位数据为 1 时，数据才装入 SBUF，并置中断标志 RI=1，向 CPU 发出中断请求。

② 接收到的第 9 位数据为 0 时，则不产生中断标志，信息将抛弃。

若 SM2 = 0，则接收的第 9 位数据不论是 0 还是 1，都产生 RI = 1 中断标志，接收到的数据装入 SBUF 中。

应用上述特性，便可实现 MCS-51 的多机通信。

设多机通信系统中有一个主机和 3 个 MCS-51 从机，如图 3-30 所示。

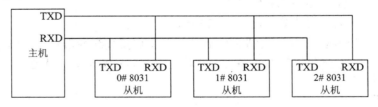

图 3-30　多机通信系统示意图

主机的 RXD 与从机的 TXD 相连，主机的 TXD 与从机的 RXD 相连，从机地址分别为 00H、01H、02H。

多机通信工作的过程如下：

(1) 从机串行口编程为方式 2 或方式 3 接收，且置 SM2 和 REN 位为"1"，使从机只处于多机通信且接收地址帧的状态。

(2) 主机先将从机地址(即准备接收数据的从机)发给各从机。主机发出的地址信息的第 9 位为 1，各从机接收到的第 9 位信息 RB8 为 1，且由于 SM2 = 1，则置 RI 为 "1"，各从机响应中断，执行中断程序。在中断服务子程序中，判断主机送来的地址是否和本机地址相符合，相符则该从机 SM2 位清零，准备接收主机的数据或命令；若不符，则保持 SM2 = 1 状态。

(3) 主机发送数据帧，此时各从机串行口接收到的 RB8 = 0，只有地址相符合的从机系统(即 SM2 位已清零的从机)才能激活 RI，从而进入中断，在中断程序中接收主机的数据(或命令)；其他的从机因 SM2＝1，且 RB8 = 0，不激活中断标志 RI，不能进入中断，接收的数据丢失。

图 3-30 所示的多机通信系统是主从式，由主机控制多机之间的通信，从机和从机的通信只能经主机才能实现。

本 章 小 结

本章详细介绍了 MCS-51 系列单片机的内部硬件资源，包括中断系统的内部结构和功能、定时/计数器和串行通信的标准接口、串行口的通信及应用。

习　题

1. 单片机对中断优先级的处理原则是什么？
2. 中断服务子程序与普通子程序有哪些异同？
3. 定时器 T1 的中断响应时间是多少？它与时间的误差是否有关？
4. 单片机定时器/计数器作定时和计数时，其计数脉冲分别由什么来提供？
5. MCS-51 单片机定时器/计数器的门控信号 GATE 设置为 1 时，定时器如何启动？
6. MCS-51 单片机内部有几个定时器/计数器？定时器/计数器是由哪些专用寄存器组成的？
7. 定时器/计数器有哪几种工作方式？各有什么特点？适用于什么应用场合？
8. 设某单片机的晶振频率为 12 MHz，定时器/计数器 T0 工作于定时方式 1，定时时间为 20 μs，定时器/计数器 T1 工作于计数方式 2，计数长度为 100，请计算 T0、T1 的初始值，并写出其控制字。
9. 简述串行口接收和发送数据的过程。
10. MCS-51 串行口有几种工作方式？有几种帧格式？各工作方式的波特率如何确定？

第 4 章   MCS-51 单片机的 C 程序设计基础

MCS-51 单片机由复杂的逻辑电路所组成，它能够"识别"的仅仅是"0"和"1"所代表的二进制数字信号。计算机语言，是以二进制数组成的逻辑序列，称为机器语言。表示二进制的最小单位称为位(bit)，计算机最小的存储单元是 8 位所组成的字节(Byte)。

C 语言是一种普及率很高的程序设计语言，兼有高级语言和汇编语言的特点，1972 年由美国贝尔实验室的 M.Ritchie 推出，由于其有高效、灵活和较高的移植性等优点而得到程序员的青睐。

C 语言被称为中级语言，这是因为它和汇编语言类似，能直接访问计算机底层资源，同时它又具备了高级语言的各种优点。首先作为中级语言，C 允许对位、字节和地址这些计算机功能中的基本成分进行操作，其次 C 语言程序非常容易移植，甚至可以设计出能同时运行在 Linux、UNIX 和 Windows 等操作系统上的软件。

C 语言作为一种结构化语言。使用的设计方法为模块化设计方法，每个子问题求解的步骤被定义为模块。在 C 语言中，其函数就是模块化的体现，函数之间是相互独立的，函数内的数据只能通过接口进行传递。数据与代码是分离的，数据在各个函数之间通过接口传递，因此，设计良好的函数能够在多个程序间反复使用，构成了代码复用的基础。

本章主要内容：
- C 语言的基本概念
- 变量与常量
- 运算符和表达式
- 控制语句
- 函数
- 数组和指针
- 结构体与共用体

4.1   基 本 概 念

学习新的程序设计语言的最佳途径是编写程序。编写 C 语言程序在某种意义上来说就好像是用砖盖房子：首先打好地基，然后使用沙子和水泥把砖堆砌起来，最后建成房子。

每个 C 语言程序至少有一个主函数，即 main()函数。它是 C 语言程序的基础，是程序代码执行的起点。所有的函数都是通过 main()函数直接或间接调用的。

main()函数通常被认为是最低级的任务，因为它是启动该程序系统所调用的第一个函数。在很多的情况下，main()函数都只包含很少的语句，这些语句的作用仅仅是初始化和指导从一个函数到另一个函数的程序操作。

一个最简单的嵌入式 C 语言程序如下：

```
#include<stdio.h>
void    main()
{
    while(1) ；        //无限循环
}
```

4.2　变量和常量

一个应用程序通常都要处理各种量，这些量可分为变量和常量。变量是可以改变的值，而常量是固定的值。变量和常量有多种形式和大小，它们在程序存储器中以各种形式存储。

4.2.1　变量类型

变量是通过用于指示变量类型和大小的保留字和跟在保留字后面的标识符来声明的，如

```
unsigned char i;
int temp1;
long int temp2;
```

变量和常量存储在微控制器的存储器中，编译器需要知道为每个变量预留多少存储地址，而不浪费存储器空间，因此程序员必须声明变量，同时指明变量的大小和类型。表 4-1 列出了单片机所用的 C51 语言中支持的几种变量类型及其大小。

表 4-1　C51 语言所支持的数据类型

数据类型	长度(位)	值　域
Bit	1	0 或 1
Char	8	−128～+127
Unsigned char	8	0～255
Signal char	8	−128～+127
Unsigned　int	16	0～65 535
Signed　int	16	−32 768～+32 767
Unsigned　long	32	0～4 294 967 295
Signed　long	32	−2 147 483 648～+2 147 483 647
Float	32	±1.175494E−38～±3.402823E+38
SFR	8	0～255
SFR16	16	0～65 535
Sbit	1	0 或 1

注：(1) Bit：位标量。

Bit 位标量是 C51 语言的一种扩充数据类型，利用它可定义一个位标量，但不能定义位指针，也不能定义位数组。它的值是一个二进制数，不是 0 就是 1，类似一些高级语言

中的 Boolean 类型中的 TRUE 和 FALSE。

(2) SFR：特殊功能寄存器。

SFR 也是一种扩充数据类型，占用一个内存单元(8 位)，值域为 0～255。利用它可以访问 MCS-51 单片机内部的所有特殊功能寄存器。如用 SFR P1 = 0x90 这一条语句定义 P1(工作寄存器)，则其为 P1 端口在片内的寄存器，在后面的语句中我们可以用 P1 = 255(对 P1 端口的所有引脚置高电平)之类的语句来操作特殊功能寄存器。

(3) SFR16：16 位特殊功能寄存器。

SFR16 占用两个内存单元(16 位)，值域为 0～65 535。SFR16 和 SFR 一样用于操作特殊功能寄存器，所不同的是它用于操作占两个字节的寄存器，如定时器 T0 和 T1。

(4) Sbit：可寻址位。

Sbit 是 C51 中的一种扩充数据类型，利用它可以访问芯片内部的 RAM 中的可寻址位或特殊功能寄存器中的可寻址位，如先前定义：

```
SFR P1 = 0x90;          //因 P1 端口的寄存器是可位寻址的，所以可以定义
Sbit P1_1 = P1^1;       //P1_1 为 P1 中的 P1.1 引脚
```

这样在以后的程序语句中就可以用 P1_1 来对 P1.1 引脚进行读写操作了。通常编程者可以直接使用系统提供的预处理文件，里面已定义好各特殊功能寄存器的简单名字，直接引用即可。当然用户也可以编写自己的定义文件。关于数据类型转换等相关操作在后面的课程或程序实例中将有所提及。

4.2.2 变量的作用域

变量的作用域是指变量在程序中可访问的范围。变量可被声明为局部变量或全局变量，相应地，具有局部作用域或全局作用域。

1. 局部变量

局部变量是在创建函数时由函数分配存储器的空间，这些变量不能被其他的函数访问，其作用域只限于所声明的函数内部。同一个局部变量可以在多个函数中声明，而不会引起冲突，因为编译器会将这些变量视为每个函数的一部分。

2. 全局变量

全局变量是由编译器分配的存储器空间，可被程序内所有的函数访问。全局变量能被任何函数修改，并且会保持全局变量的值，以便其他函数可以使用。

全局变量在 main()函数开始执行时进行了清零，此操作通常由编译器产生的启动代码执行，对于程序员来说是不可见的。

下面的代码演示了变量的作用域：

```
unsigned char a;        //全局变量
void fun1(void)         //主函数调用的子函数
{
    unsigned int t;     //局部变量
    t = 12;             //在其作用域内赋值
    a = 47;             //全局变量，可以在子函数内部引用
```

```
        m = 12;              //不可以在此对 m 赋值, 因为 m 是 main()函数的局部变量,
                             //因此编译器会报错
    }



    void main(void)
    {
        unsigned char m;     //定义 m 是 main()函数的局部变量
        a = 34;              //可以在此对全局变量赋值
        t = 12;              //不可以在此对 fun1()函数的局部变量赋值
        while(1) ;           //无限循环
    }
```

在一个函数内, 如果局部变量和全局变量同名, 那么局部变量会屏蔽全局变量。在函数内引用这个变量时, 会用到同名的局部变量, 而不会用到全局变量。

4.2.3 常量

常量有固定值, 在程序执行时不会改变。在很多情况下常量是经过编译之后的程序本身的一部分, 位于只读存储器(ROM)中, 不被分配到可变随机存储器(RAM)中。在赋值运算

```
a = 3 + b;
```

中, 数字 3 是常量, 可以由编译器直接编码到加法操作中。

常量同样可以是字符形式或字符串形式:

```
printf("I love MCU51");
x = 'A';
```

文本 I love MCU51 和字符 'A' 存储在 ROM 中, 不会被改变。也可以通过保留字 const 来声明常量, 并且定义其类型和大小。

```
const char a = 123;
```

把变量指定为常量, 可使该变量存储在 ROM 中, 而不是 RAM 中, 这样有利于节省有限的 RAM 空间。

1. 数值型常量

数值型常量可以通过指定基数的形式来声明, 使程序更具有可读性。

(1) 无前缀的十进制形式(如 123, 0, −89 等)。

(2) 前缀为 0b 的二进制形式(如 0b0010)。

(3) 前缀为 0x 的十六进制形式(如 0xff)。

(4) 前缀为 o 的八进制形式(如 o171)。

2. 字符型常量

字符型常量可以是可打印字符(比如 0~9, a~z), 也可以是无法打印出来的字符(如换行符、回车符或者制表符)。可打印字符型常量可以由单引号引起来, 不可以显示的控制字

符，可以在该字符前面加一个反斜杠(\)组成专用转义字符。常用转义字符表如表 4-2 所示。

表 4-2　常用转义字符

转义字符	含义	ASCII 码(16/10 进制)
\o	空字符(NULL)	00H/0
\n	换行符(LF)	0AH/10
\r	回车符(CR)	0DH/13
\t	水平制表符(HT)	09H/9
\b	退格符(BS)	08H/8
\f	换页符(FF)	0CH/12
\'	单引号	27H/39
\"	双引号	22H/34
\\	反斜杠	5CH/92

反斜杠(\)和单引号(')字符本身必须有一个前导的反斜杠来区分，以免编译器混淆。例如\'是一个单引号字符，\\是一个反斜杠。

3. 字符串型常量

字符串型常量由双引号内的字符组成，如"hello"，"OK"等。当引号内没有字符时为空字符串。在使用特殊字符时同样要使用转义字符如双引号。在 C 中字符串常量是作为字符类型数组来处理的，在存储字符串时系统会在字符串尾部加上\o 转义字符以作为该字符串的结束符，所以字符串常量"A"和字符常量'A' 是不同的，前者在存储时多占用一个字节的空间。

4.2.4　枚举和定义

在 C 语言程序中，可读性是十分重要的。C 语言提供了枚举类型和定义类型，这使程序员能够用有意义的名字或其他更为有意义的短语来代替数字。

在程序中经常要用到一些变量去作程序中的判断标志，如经常要用一个字符或整型变量去储存 1 和 0 作判断条件真、假的标志，只有当它等于 0 或 1 时才是有效的，而将它赋上别的值，可能会造成程序出错或变得混乱，这个时候就使用枚举数据类型去定义变量，从而避免错误误赋值。

枚举数据类型就是把某些整型常量的集合用一个名字表示，其中的整型常量就是这种枚举类型变量的可取的合法值。枚举类型的两种定义格式如下：

(1) enum　　枚举名　　{枚举值列表}　　变量列表;

例：enum TFFlag {False, True} TFF;

(2) enum　　枚举名　　{枚举值列表};

　　　　emum　　枚举名　　变量列表;

例：enum Week {Sun, Mon, Tue, Wed, Thu, Fri, Sat};

　　　　enum Week OldWeek, NewWeek;

看了上面的例子，就会发现枚举值不用赋值就能使用，这是因为在枚举列表中，每一项名称代表一个整数值，在默认的情况下，编译器会自动为每一项赋值，第一项赋值为 0，第二项为 1……如 Week 中的 Sun 为 0，Fri 为 5。C 语言也允许对各项值作初始化赋值，要注意的是在对某项值初始化后，它的后续各项值也随之递增，如：

enum Week {Mon=1, Tue, Wed, Thu, Fri, Sat, Sun};

上例的枚举就使 Week 值从 1 到 7，这样的赋值也符合我们日常生活中对周次时序关系的定义。使用枚举就如变量一样，但在程序中不能为其赋值。

定义类型在某种程度上同枚举类型相似，因为定义允许用一个文本串代替另一个文本串，例如：

#define uchar unsigned char

语句#define uchar unsigned char 的作用是使编译器在遇到单词 uchar 时用 unsigned char 来代替。注意#define uchar unsigned char 这一行的结束没有分号。

#define 是预处理程序指令。预处理程序指令实际上不是 C 语言语法的一部分，但是它们同样得到了广泛的接受与使用。程序的预处理与实际程序的编译是分开进行的，预处理在编译开始之前进行。

4.2.5 存储类型

变量可声明为自动变量、静态变量、外部变量和寄存器变量 4 种存储类型，说明符分别为 auto、static、extern 和 register。auto 是默认的类型，所以保留字 auto 可以省略。

1. 自动变量

自动变量是指在函数内部说明的变量，一般常被称为局部变量，用关键字 auto 进行说明，当 auto 省略时，对应的都被认为是局部变量。

局部变量在函数调用时自动产生，但不会自动初始化，随着函数调用的结束，变量也就自动消失了，下次调用此函数时局部变量再自动产生，还要再次赋值，退出时又自动消失。自动类型的变量声明如下：

auto char value1;

或者

char value1;

2. 静态变量

static 称为静态变量。根据变量的类型又可以分为静态局部变量和静态全程变量。

(1) 静态局部变量。

静态局部变量与局部变量的区别在于：在函数退出时，静态局部变量始终存在，但不能被其他函数使用，当再次进入该函数时，该变量将保存上次的结果。

(2) 静态全程变量。

C 语言允许将大型程序分成若干独立模块文件分别编译，然后将所有模块的目标文件连接在一起，从而提高编译速度，同时也便于软件的管理和维护。静态全程变量就是指只在定义它的源文件中可见，而在其他源文件中不可见的变量。它与全程变量的区别是：全程变量可以再说明为外部变量(extern)，被其他源文件使用，而静态全程变量却不能再被说明为外部的，即只能被所在的源文件使用，如：

static char value2;

3. 外部变量

extern 称为外部变量。为了使变量除了在定义它的源文件中可以使用外，还能被其他文件使用就必须将全程变量通知每一个程序模块文件，此时可用 extern 来说明。

4. 寄存器变量

寄存器变量与自动变量类似，它只能应用于整型和字符型变量。定义符 register 说明的变量被编译器存储在 CPU 的寄存器中，而不是像普通的变量那样存储在内存中，这样可以提高运算速度。但是编译器只允许同时定义两个寄存器变量，一旦超过两个，编译程序会自动地将超过限制数的目的寄存器变量当作非寄存器变量来处理，因此寄存器变量常用在同一变量名频繁出现的地方。

另外，寄存器变量只适用于局部变量和函数的形式参数，它属于 auto 型变量，因此不能用作全程变量。定义一个整型寄存器变量可写成：

register int a;

5. C51 的数据存储类型

C51 允许将变量或常量定义成不同的存储类型。C51 允许的存储类型主要包括 data、bdata、idata、pdata、xdata 和 code 等，它们和单片机的不同存储区相对应。C51 的存储类型与 MCS-51 单片机的实际存储空间的对应关系如表 4-3 所示。

表 4-3   C51 存储类型与 MCS-51 单片机存储空间的对应关系

存储类型	长度 (bit)	长度 (Byte)	值域范围	与存储空间的对应关系
data	8	1	0～255	直接寻址低 128 B 片内 RAM
bdata	8	1	32～47	按位或字节寻址片内 RAM 的 20H～2FH 地址空间
idata	8	1	0～255	间接寻址片内数据 RAM 的 00H～FFH 地址空间
pdata	8	1	0～255	分页寻址 256 B 片外 RAM
xdata	16	2	0～65 535	寻址 64 KB 片外 RAM
code	16	2	0～65 535	寻址 64 KB 程序 ROM

单片机访问片内 RAM 比访问片外 RAM 相对快一些，鉴于此，应当将使用频繁的变量置于片内数据存储器，即采用 data、bdata 或 idata 存储类型，而将容量较大的或使用不怎么频繁的那些变量置于片外 RAM，即采用 pdata 或 xdata 存储类型，常量只能采用 code 存储类型。

以下是变量常见存储类型的例子(C51 支持 ANSI C 和 C++的注释方法)：

(1) char data var1; /*字符变量 var1 被定义为 data 型，被分配在片内 RAM 中*/

(2) bit bdata flags; //位变量 flags 被定义为 bdata 型，定位在片内 RAM 中的位寻址区

(3) float idata x，y，z; //浮点型变量 x、y 和 z 被定义为 idata 存储类型，定位在片内
                            //RAM 中，并只能用间接寻址方式进行访问

(4) unsigned int pdata dimension；//无符号整型变量 dimension 被定义为 pdata 型，定位
　　　　　　　　　　　　　　　 //在片外数据存储区，相当于用 MOVX　@Ri 访问

　　如果在变量定义时略去存储类型标志符，编译器会自动默认存储类型。默认的存储类型由 SMALL、COMPACT 和 LARGE 存储模式指令限制。例如，若表明 char var1 在 SMALL 存储模式下，var1 被定位在 data 存储区；在 COMPACT 模式下，var1 被定位在 idata 存储区；在 LARGE 模式下，var1 被定位在 xdata 存储区中。存储模式及其说明如表 4-4 所示。

表 4-4　存储模式及其说明

存储模式	说　明
SMALL	函数变量和局部数据段放在 MCS-51 系统的内部数据存储区，这使访问数据非常快，但 SMALL 存储模式的地址空间受限。在写小型的应用程序时，变量和数据放在 data 内部数据存储器中是很好的，因为访问速度快，但在较大的应用程序中 data 区最好只存放小的变量、数据或常用的变量(如循环计数、数据索引)，而大的数据则放置在别的存储区域
COMPACT	所有的函数、程序变量和局部数据段定位在 8051 系统的外部数据存储区。外部数据存储区可有最多 256 B(一页)，默认的存储类型为 pdata，通过 R0 和 R1 间接寻址
LARGE	所有函数和过程的变量和局部数据段都定位在 8051 系统的外部数据区，最多可有 64 KB，这要求用 DPTR 数据指针访问数据

4.3　运算符和表达式

　　运算符就是完成某种特定运算的符号。运算符按其表达式中与运算对象的关系可分为单目运算符、双目运算符和三目运算符。单目运算符需要有一个运算对象，双目运算符要求有两个运算对象，三目则要三个运算对象。表达式是由运算及运算对象所组成的具有特定含义的式子，表达式后面加";"号就构成了一个表达式语句。

　　运算符用其周围的标识符指明编译器执行哪种运算。在执行运算的过程中，遵循操作优先级或者顺序的规则见 4.3.6 节。当一个表达式中结合了多个运算符时，必须应用优先级规则才能获得正确的结果。

4.3.1　赋值运算符和算术运算符

　　"="这个符号大家不会陌生，在 C 语言中它的功能是给变量赋值，称之为赋值运算符，它的作用是将数据赋给变量，如 x=10。利用赋值运算符将一个变量与一个表达式连接起来的式子为称赋值表达式，在表达式后面加";"便构成了赋值语句。使用"="的赋值语句格式如下：

　　变量 = 表达式；

　　示例如下：

a = 0xFF;　　　//将十六进制常数 FFH 赋与变量 a

```
b = c = 123;        //同时赋值给变量 b,c
d = e;              //将变量 e 的值赋与变量 d
f = a+b;            //将变量 a+b 的值赋与变量 f
```

一些人会将"=="与"="这两个符号混淆，原码编译过程报错往往就错在 if (a=x)之类语句中，错将"="用作"=="。"=="符号用于进行相等关系运算，即用于判断等式两边是否相等。

对于 a+b、a/b 这样的表达式大家都很熟悉，用在 C 语言中，"+"、"/"就是算术运算符。C51 中的算术运算符如下(其中只有取正值和取负值运算符是单目运算符，其他都是双目运算符)：

+：加或取正值运算符。

-：减或取负值运算符。

*：乘运算符。

/：除运算符。

%：取余运算符。

算术表达式的形式：表达式 1　算术运算符　表达式 2

如：

a+b*(10−a), (x+9)/(y−a)

除法运算符和一般的算术运算规则有所不同：如果是两个浮点数相除，其结果为浮点数，如 10.0/20.0 所得值为 0.5；而两个整数相除时，所得值就是整数，如 7/3，值为 2。像别的语言一样，C 语言的运算符也有优先级和结合性，同样可用括号"()"来改变优先级。

4.3.2　逻辑运算符和关系运算符

1. 逻辑运算符及其优先级

逻辑运算是对变量进行逻辑与运算、或运算及非运算。C51 提供以下三种逻辑运算符：

&&(逻辑与)：条件式 1 && 条件式 2。

‖(逻辑或)：条件式 1‖条件式 2。

！(逻辑非)：!条件式 1。

(1) 逻辑与：是指当条件式 1"与"条件式 2 都为真时结果为真(非 0 值)，否则为假(0 值)。也就是说运算会先对条件式 1 进行判断，如果为真(非 0 值)，则继续对条件式 2 进行判断，当结果也为真时，逻辑运算的结果为真(值为 1)，如果结果不为真时，逻辑运算的结果为假(0 值)。如果在判断条件式 1 时就不为真的话，就不用再判断条件式 2 了，而直接给出运算结果为假。

(2) 逻辑或：是指只要两个运算条件中有一个为真时，运算结果就为真，只有当条件式都不为真时，逻辑运算结果才为假。

(3) 逻辑非：是指把逻辑运算结果值取反，也就是说如果条件式的运算值为真，进行逻辑非运算后则结果变为假，条件式运算值为假时最后逻辑结果为真。

其中，非运算的优先级最高，而且高于算术运算符；或运算的优先级最低，低于关系运算符，但高于赋值运算符。

以下举例说明了它们之间的区别：

假设 x = 9，y = 6;

(x && y)：结果为真，因为两个操作数都是非零的。

(x‖y)：结果为真，因为两个操作数中的任何一个都为非零。

(!(x = = y))：结果为真，因为 x 不等于 y，x = = y 为逻辑假，再非运算为逻辑真。

2. 逻辑表达式

用逻辑运算符将运算对象连接起来的式子称为逻辑表达式。运算对象可以是表达式或逻辑量，而表达式可以是算术表达式、关系表达式或逻辑表达式。逻辑表达式的值也是逻辑量，即真或假。对于算术表达式，其值若为 0，则认为是逻辑假；若不为 0，则认为是逻辑真。逻辑表达式并非一定完全被执行，仅当必须要执行下一个逻辑运算符才能确定表达式的值时，才执行该运算符。

例如：a&&b&&c

若 a 的值为 0，则不需判断 b 和 c 的值就可确定表达式的值为 0。

3. 关系运算符

对于关系运算符，同样我们也并不陌生，C 语言中有 6 种关系运算符：

＞：大于。

＜：小于。

＞＝：大于等于。

＜＝：小于等于。

＝＝：等于。

！＝：不等于。

前四个具有相同的优先级，后两种也具有相同的优先级，但是前四种的优先级要高于后两种。

当两个表达式用关系运算符连接起来时，这时就是关系表达式。关系表达式通常用来判别某个条件是否满足。要注意的是关系运算符的运算结果只有 0 和 1 两种，也就是逻辑的真与假。当指定的条件满足时结果为 1，不满足时结果为 0，其格式为

表达式 1　　关系运算符　　表达式 2

如：i＜j, i==j, (i=4)＞(j=3), j+i＞j。

假如 x = 2，y = 4，表 4-5 为它们关系运算符示例。

表 4- 5　关系运算符示例

运算	结果
(x == y)	假
(x != y)	真
(x < y)	真
(x <= y)	真
(x > y)	假
(x >= y)	假

4.3.3 自增运算符、自减运算符和复合赋值运算符

1. 增减量运算符

＋＋为自增运算符，－－为自减运算符。

例如：＋＋j、j＋＋、－－i、i－－。

＋＋和－－运算符只能用于变量，不能用于常量和表达式。＋＋j 表示先加 1，再取变量值；j＋＋表示先取变量值，再加 1。自减运算也是如此。

2. 复合赋值运算符

复合赋值运算符就是在赋值运算符"＝"的前面加上其他运算符。以下是 C 语言中的复合赋值运算符：

+=：加法赋值。

－=：减法赋值。

*=：乘法赋值。

/=：除法赋值。

%=：取模赋值。

<<=：左移位赋值。

>>=：右移位赋值。

&=：逻辑与赋值。

|=：逻辑或赋值。

^=：逻辑异或赋值。

!=：逻辑非赋值。

复合运算的一般形式为：

变量　　复合赋值运算符　　表达式

其含义就是变量与表达式先进行运算符所要求的运算，再把运算结果赋值给参与运算的变量。其实这是 C 语言中一种简化程序的方法，凡是二目运算都可以用复合赋值运算符去简化表达式，例如：

a+=56　　等价于 a=a+56

y/=x+9　　等价于 y=y/(x+9)

显然采用复合赋值运算符会降低程序的可读性，但这样却可以使程序代码简单化，并能提高编译的效率。对于初学者采用 C 语言编程时最好还是根据自己的理解力和习惯去使用程序表达的方式，不要一味追求程序代码的短小。

4.3.4 C51 的位运算

位运算的操作对象只能是整型和字符型数据，不能是实型数据。C51 提供以下六种位运算：

&：按位与运算。

|：按位或运算。

^：按位异或运算。

〜：按位取反运算。

　　<<：左移运算。

　　>>：右移运算。

　　这些位运算和汇编语言中的位操作指令十分类似。位操作指令是 MCS-51 系列单片机的重要特点，所以位运算在 C51 单片机控制程序设计中的应用比较普遍。

4.3.5　条件表达式

　　C 语言中有一个三目运算符，它就是"?"条件运算符。条件运算符要求有三个运算对象，它可以把三个表达式连接构成一个条件表达式。条件表达式的一般形式如下：

　　逻辑表达式 ? 表达式 1：表达式 2

　　条件运算符的作用简单来说就是根据逻辑表达式的值选择使用表达式的值。当逻辑表达式的值为真时(非 0 值时)，整个表达式的值为表达式 1 的值；当逻辑表达式的值为假(值为 0)时，整个表达式的值为表达式 2 的值。要注意的是条件表达式中逻辑表达式的类型可以与表达式 1 和表达式 2 的类型不一样。下面是一个逻辑表达式的例子：

　　如 a=1，b=2 时，要求取 a、b 两数中的较小的值放入 min 变量中，一般使用判断语句可以写成：

```
if (a <b)
min = a;
else
min = b;
```

　　如果用条件运算符可以写成这样：

```
min = (a<b)?a:b
```

　　很明显它的结果和含意都和上面的一段程序是一样的，但是代码却比上一段程序少很多，编译的效率也相对要高，它和复合赋值表达式一样的缺点就是可读性相对较差。在实际应用中可以根据自己的习惯使用，使用较为好读的方式并加上适当的注解，这样可以有助于程序的调试和编写，也便于日后程序的修改、读写。

4.3.6　运算符优先级

　　在一个语句中有多个表达式时，运算符的优先级确定了编译器对表达式进行求值的顺序。在出现赋值和表达式的情况下，必须记住这些优先级，当有疑问时，可以加上括号来保证处理顺序，或者查看运算符的优先级加以确认。表 4-6 列出了执行时各运算符的优先级和次序。

表 4-6　运算符优先级

优先级	运算符	名称或含义	使用形式	结合方向	说明
1	[]	数组下标	数组名[常量表达式]	左到右	
	()	圆括号	(表达式)/函数名(形参表)		
	.	成员选择(对象)	对象.成员名		
	->	成员选择(指针)	对象指针->成员名		

优先级	运算符	名称或含义	使用形式	结合方向	说明
2	−	负号运算符	-表达式	右到左	单目运算符
	(类型)	强制类型转换	(数据类型)表达式		
	++	自增运算符	++变量名/变量名++		单目运算符
	−−	自减运算符	−−变量名/变量名−−		单目运算符
	*	取值运算符	*指针变量		单目运算符
	&	取地址运算符	&变量名		单目运算符
	!	逻辑非运算符	!表达式		单目运算符
	~	按位取反运算符	~表达式		单目运算符
	sizeof	长度运算符	sizeof(表达式)		
3	/	除	表达式/表达式	左到右	双目运算符
	*	乘	表达式*表达式		双目运算符
	%	余数(取模)	整型表达式/整型表达式		双目运算符
4	+	加	表达式+表达式	左到右	双目运算符
	−	减	表达式−表达式		双目运算符
5	<<	左移	变量<<表达式	左到右	双目运算符
	>>	右移	变量>>表达式		双目运算符
6	>	大于	表达式>表达式	左到右	双目运算符
	>=	大于等于	表达式>=表达式		双目运算符
	<	小于	表达式<表达式		双目运算符
	<=	小于等于	表达式<=表达式		双目运算符
7	==	等于	表达式==表达式	左到右	双目运算符
	!=	不等于	表达式!= 表达式		双目运算符
8	&	按位与	表达式&表达式	左到右	双目运算符
9	^	按位异或	表达式^表达式	左到右	双目运算符
10			按位或	表达式|表达式	左到右	双目运算符
11	&&	逻辑与	表达式&&表达式	左到右	双目运算符
12	||	逻辑或	表达式||表达式	左到右	双目运算符
13	?:	条件运算符	表达式1?表达式2: 表达式3	右到左	三目运算符
14	=	赋值运算符	变量=表达式	右到左	
	/=	除后赋值	变量/=表达式		
	*=	乘后赋值	变量*=表达式		
	%=	取模后赋值	变量%=表达式		
	+=	加后赋值	变量+=表达式		

续表

优先级	运算符	名称或含义	使用形式	结合方向	说明
14	-=	减后赋值	变量-=表达式		
	<<=	左移后赋值	变量<<=表达式		
	>>=	右移后赋值	变量>>=表达式		
	&=	按位与后赋值	变量&=表达式		
	^=	按位异或后赋值	变量^=表达式		
	l=	按位或后赋值	变量l=表达式		
15	,	逗号运算符	表达式,表达式,…	左到右	

4.4 控制语句

控制语句用来控制程序的执行流。if/else 语句根据判断的结果执行给出的两种操作之一；while、do/while 和 for 语句用来控制指令块的重复；switch/case 语句用于允许用单一的判断以一种清晰和简洁的方式将程序流指引到多个可能的指令块之一中运行。

4.4.1 if/else 语句

1. if (条件表达式) 语句

当条件表达式的结果为真时，就执行语句，否则就跳过。

如 if (a= =b)　a++; //当 a 等于 b 时，a 就加 1

2. if (条件表达式) 语句 1

else 语句 2

当条件表达式成立时，就执行语句 1，否则就执行语句 2，如：

```
if (a= =b)
    a++;
else
    a--;
//当 a 等于 b 时，a 加 1，否则 a 减 1
```

3. if (条件表达式 1) 语句 1

else if (条件表达式 2) 语句 2

　　else if (条件表达式 3) 语句 3

　　　else if (条件表达式 m) 语句 n

　　　　else 语句 m

这是由 if /else 语句组成的嵌套，用来实现多方向条件分支，使用时应注意 if 和 else 的配对使用，要是少了一个就会出现语法错误，记住 else 总是与最临近的 if 相配对。一般条件语句只会用作单一条件或少数量的分支，如果多数量的分支时则更多地会用到下一篇中的开关语句。如果使用条件语句来编写超过 3 个以上的分支程序的话，会使程序变得不是那么清晰、易读。

4.4.2　while 循环

while 在英语中的意思是"当……的时候"，在这里我们可以理解为"当条件为真的时候就执行后面的语句"，它的语法如下：

　　　while (条件表达式)　　语句；

如：

```
while(expression)
{
    语句 1;
    语句 2;
    …
}
```

使用 while 语句时要注意当条件表达式为真时，它才执行后面的语句，执行完后再次回到 while 执行条件判断，为真时重复执行语句，为假时退出循环体。当条件一开始就为假时，那么 while 后面的循环体(语句或复合语句)一次都不会执行就退出循环。在调试程序时要注意 while 的判断条件不能为假，否则会造成程序死循环的情况发生。调试时可适当地在 while 处加入断点，以促进调试工作的顺利进行。

4.4.3　do/while 循环

do/while 语句可以说是 while 语句的补充，while 是先判断条件是否成立再执行循环体，而 do/while 则是先执行循环体，再根据条件判断是否要退出循环，这样就决定了循环体无论在任何条件下都会至少被执行一次，它的语法如下：

　　　do　语句　　while　　(条件表达式)

4.4.4　for 循环

在循环次数明确的情况下，使用 for 语句比使用上述循环语句都要方便、简单。它的语法如下：

　　　for([初值设定表达式]；[循环条件表达式]；[条件更新表达式])

语句中括号中的表达式是可选的。for 语句的执行代入初值，判断条件是否为真，条件满足时执行循环体并更新条件表达式，再判断循环条件表达式是否为真，直到条件为假时退出循环。

4.4.5　switch/case 语句

在学习了条件语句后，用多个条件语句可以实现多方向条件分支，但是使用过多的条件语句实现多方向分支会使条件语句嵌套过多，造成程序冗长，不易读写，这时使用 switch/case(开关)语句同样可以达到处理多分支选择的目的，又可以使程序结构清晰。switch/case 的语法如下：

```
switch (表达式)
{
    case   常量表达式 1:   语句 1; break;
    case   常量表达式 2:   语句 2; break;
    case   常量表达式 3:   语句 3; break;
    …
    case   常量表达式 n:   语句 n; break;
    default:   语句 n+1; break;
}
```

运行中 switch 后面的表达式的值将会作为条件与 case 后面的各个常量表达式的值相对比，如果相等时则执行相应后面的语句，再执行 break(间断语句)语句跳出 switch 语句。如果 case 没有和条件相等的值时就执行 default 后面的语句。当不符合条件要求时，不作任何处理，可以不写 default 语句。

4.4.6 continue 和 goto 语句

1. continue 语句

continue 语句是用于中断的语句，通常使用在循环中，它的作用是结束本次循环，跳过循环体中没有执行的语句，跳转到下一次循环周期，其语法为

continue;

continue 同时也是一个无条件跳转语句，但功能和前面说到的 break 语句有所不一样，continue 执行后不是跳出循环，而是跳到循环的开始并执行下一次的循环。

2. goto 语句

这个语句在很多高级语言中都会有，它是一个无条件的转向语句，只要执行到这个语句，程序指针就会跳转到 goto 后的标号所在的程序段。它的语法如下：

goto   语句标号;

4.5 函 数

C 语言是由函数构成的。一般功能较多的程序会在编写程序时把每项单独的功能分成多个子程序，每个子程序都用函数来实现。这些函数还能被反复地调用，通常一些常用的函数可构成函数库以供在编写程序时直接调用，从而更好地实现模块化的程序设计，大大提高编程工作的效率。

4.5.1 函数的定义

通常 C 语言的编译器都会自带标准的函数库，函数库中都是一些常用的函数。Keil uVision2 中也不例外，标准函数已由编译器软件商编写定义，使用者直接调用，无需定义，但是标准函数有时不足以满足使用者的特殊要求，因此 C 语言也允许使用者根据需要编写

特定功能的函数。函数调用前必须先对其进行定义，定义的格式如下：

函数类型　函数名称(形式参数表)
{
函数体
}

例如：

```c
void main(void)
{
    while(1)
    {
        ...
    }
}
```

说明：用户函数的定义通常分为两部分：一是函数体(即一对花括号括住的部分)；二是函数头(即函数体前面的部分)。

函数头包含了函数类型说明和形式参数表等几项：

(1) 函数类型：用来指定本函数返回值的数据类型，可以是前面介绍的各种基本类型，也可以是后面将要介绍的其他类型(如结构体等)。函数类型说明符也可以省略，若省略，则系统默认函数返回值的数据类型是 int。

无参函数一般不需要带回函数值，因此可以在该处放置关键字 void。"void"代表"无类型"(或称"空类型")，它表示本函数是没有返回值的。

(2) 函数名称：是由用户命名的，命名规则同用户标识符。在同一个文件中，函数是不允许重名的。

(3) 无参函数的函数名后面的"( )"不能省略。在调用无参函数时，没有参数传递。有参函数的函数名后面的"( )"内是用逗号分隔的若干个形式参数，每个参数也必须指定数据类型。

【例 4-1】 定义一个用户函数，用于求三个整数中的最大值，并返回其值。程序如下：

```c
int max(int x,int y,int z)
{
    int max1;
    if(x>y) max1=x;
    else max1=y;
    if(z>max1) max1=z;
    return(max1);
}
```

说明：由上面用户函数的定义可知，该函数返回值的类型为 int，函数名为 max，它的三个形式参数 x、y、z 都是 int 类型。另外，该函数体中还定义了 int 变量 max1，其他语句为求三个整数中最大值的程序段。

注意：该用户函数不能单独运行，只有在主函数调用后，才可实际运行。

4.5.2　函数的返回值

每一个函数都具有一定的功能,如例 4-1 中的 max 函数,其功能是求三个整数中的最大值。若主函数根据需要调用了该函数,自然希望能将求得的结果反馈回来。在 C 语言中,可以在被调函数内采用 return 语句获得函数的返回值。一个函数利用 return 语句只能返回一个值。return 语句的格式为

　　return(表达式);

或　**return　表达式;**

从前面介绍的有参函数定义格式可知,函数名前面的函数类型说明符是用来指定该函数返回值的数据类型。例如:

　　int max(int x ,int y,int z)

　　float fun(double n)

上面 max 函数返回值的数据类型是整型,fun 函数返回值的数据类型是单精度型。在进行函数定义时,应使 return 语句中的表达式的类型与函数类型说明一致,即若函数类型说明为整型,return 语句中的表达式的类型也应是整型,若函数类型说明为单精度型,return 语句中的表达式的类型也应是单精度型,依此类推。

当 return 语句中的表达式的类型与函数类型说明不一致时,以函数类型说明为准,系统自动将 return 语句中的表达式的值转换为函数类型说明所指定的类型。

当函数的返回值的数据类型是 int(整型)时,在函数定义时,函数类型说明符可以省略,即系统默认的返回值类型是整型。

当函数没有返回值时,在函数定义时,函数类型说明符可以为 void(空类型),它表示本函数是没有返回值的。

4.5.3　函数调用

函数调用的一般方法为:

　　函数名(实参列表);

或　**函数名();**

前者用于有参函数,若实参列表包含了两个以上实参时,各参数之间用逗号分隔。实参的个数应与形参的个数相同,且按顺序对应的参数类型应一致(或兼容);后者用于无参函数的调用。注意,括号不能省略。

在程序中,从函数调用可能出现的位置这个角度来看,函数调用大致可分为以下几种形式:

(1) 以语句的形式进行函数调用,例如:

puts(str1);　/* 上一章介绍的字符串输出函数,是系统提供的标准函数之一 */

swap(x1,x2);　/* 调用用户自定义的有参函数 swap */

printstr( );　/* 调用用户自定义的无参函数 printstr */

以语句的形式进行函数调用一般不需要返回值,只是通过函数调用完成某些操作。

(2) 以表达式的形式进行函数调用,例如:

if(strcmp(s1,s2)>0) … /* 函数调用位于条件式中*/

n_max=max(x,y,z); /* 函数调用位于赋值语句右侧的表达式中*/

for(j=strlen(str)−1;j>0;j--)   /* 函数调用位于循环语句的表达式中*/

以表达式的形式进行函数调用，被调用函数必须返回一个函数值，以便参加主调函数的相关计算或后续操作。如上面第一条语句，字符串的比较函数必须返回一个函数值以便进行大于 0 的比较，下面两条语句中，相应的函数必须返回一个函数值以便进行赋值操作。

(3) 以函数的参数形式进行函数调用，例如：

printf("%d\n", max(x,y,z)); /* max 函数是 printf 函数的参数部分*/

fun1 (fun2 (t)); /* fun2 函数是 fun1 函数的实参 */

以函数的参数形式进行函数调用时，被调用函数必须返回一个函数值，以便参加主调函数的后续操作。如上面第一条语句，max 函数是被调用函数，其必须返回一个函数值，以便参加主调函数 printf 的输出操作；下面语句中的 fun2 函数必须返回一个函数值，以便作为 fun1 函数的实参继续进行函数调用。

4.5.4　函数的声明

用户函数(即自定义函数)一般应定义在前，调用在后。如果用户在编制程序时都按这个规律来进行，则不需要进行函数的声明(或者说，函数的声明可以省略)。但从另一个角度来看，由于 C 语言中的函数定义是各自独立的。函数与函数之间的排放位置并没有先后顺序关系，只有调用与被调用的关系，也就是说，在一个含有多个函数的源程序中，各个函数的放置(即先后位置)是随机的。

当各个函数随机排列时，就会出现调用在前、定义在后的情况。当被调函数放置在主调函数之后，且函数值的类型不是整型时，则应在主调函数的适当位置，对被调函数作声明，否则，编译时就会给出相应的错误信息。

所谓"函数声明"是指向 C 编译系统提供有关信息，如函数值的类型、函数名及函数的参数个数等，以便 C 编译系统对函数调用时进行核查。函数声明的一般格式为

　　函数类型　函数名(参数类型 1, 参数类型 2,…);

或　**函数类型　函数名(参数类型 1 参数名 1, 参数类型 2 参数名 2,…);**

4.6　数组和指针

4.6.1　数组

1. 数组

数组是一种最简单实用的数据结构。所谓数据结构，就是将多个变量(数据)人为地组成一定的结构，以便于处理大批量、相对有一定内在联系的数据。例如，某班有 40 名学生，考 8 门课程，现要求将所有考试成绩保存起来以供处理：显示、求总分、求每门课程的平均分、排名次等。很显然，对这 320 个原始数据用简单变量来存放，并进行相应的处理是不现实的，必须采用一种新的结构，即数组。

在 C 语言中，为了确定各数据与数组中每一单元的一一对应关系，必须给数组中的这

些数编号，即顺序号(用下标来指出顺序号)。因此可以说，将一组排列有序的、个数有限的变量作为一个整体，用一个统一的名字来表示，则这些有序变量的全体称为数组。或者说，数组是用一个名字代表顺序排列的一组数，顺序号就是下标变量的值。简单变量是没有序的，无所谓谁先谁后，数组中的单元是有排列顺序的。有序性和无序性就是下标变量和简单变量之间的主要区别。

2. 数组单元

在同一数组中，构成该数组的成员称为数组单元(或数组元素、下标变量)。数组里面的每一个数据用数组单元名来标识。在 C 语言中，引用数组中的某一单元，要指出数组名和用括号括起来的表示数组单元在数组中的位置(顺序号)的下标，因此数组单元又称带下标的变量，简称下标变量。例如：

a[5]　　　代表 a 数组中顺序号为 5 的那个元素。
b[10]　　　代表 b 数组中顺序号为 10 的那个元素。

3. 数组的维数

下标变量中下标的个数称为数组的维数。

如果数组中的所有元素能按行或列顺序排成一行，也就是说，用一个下标便可以确定它们各自所处的位置，这样的数组称为一维数组，因此具有一个下标的下标变量构成一维数组。

如果数组中的所有元素能按行、列顺序排成一个矩阵，换句话说，必须用两个下标才能确定它们各自所处的位置，这样的数组称为二维数组，因此具有两个下标的下标变量构成二维数组。

依次类推，具有三个下标的下标变量构成三维数组，有多少个下标的下标变量就构成多少维的数组，如四维数组、五维数组等。通常又把二维以上的数组称为多维数组。

一般来讲，数组元素下标的个数就是该数组的维数；反之，一个数组的维数一经确定，那么它的元素下标的个数也就随之确定了。例如：

a[10]　　　　为一维数组。
x[2,3]　　　　为二维数组。
b[4,5,6]　　　为三维数组。

4. 一维数组的定义、引用和初始化

例如：

int　a [10]；

定义了一个数组，数组名为 a，数组 a 中有 10 个元素，每个元素的类型均为 int，这 10 个元素分别是：a[0]、a[1]、a[2]、a[3]、a[4]、…、a[8]、a[9]。注意，下标从 0 开始，不能使用数组元素 a[10]。

对一维数组的使用有以下几点说明：

(1) 定义一个数组时，数组名是标识符，命名规则同标识符命名规则相同。

(2) 数组的类型，即数组元素的类型，可以是基本类型(整型、实型和字符型等)，也可以是指针类型、结构体类型或共用体类型。

(3) 定义数组时，必须使用下标常量表达式，可以是常数或符号常量，但是不能是

变量。

(4) 如果定义多个相同类型的数组，则可以使用逗号隔开，例如：

int a[10],b[20];

(5) C 编译器在进行编译时，为数组连续分配地址空间，分配空间的大小为：数组元素占用的字节数×数组长度。

(6) 一定要注意数组名表示数组第一个元素 a[0]的地址，也就是数组的首地址。

使用数组必须先定义，后引用。C 语言规定，不能引用整个数组，只能逐个引用元素。元素引用的方式为

数组名[下标]

下标可以是整型常量或整型表达式，例如：

a[3]=a[2]+a[3*2];

在引用时应注意以下几点：

(1) 由于数组元素本身等价于同一类型的一个变量，因此，对变量的任何操作都适用于数组元素。

(2) 在引用数组元素时，下标可以是整型常数或表达式，表达式内允许变量存在。在定义数组时，下标不能使用变量。

(3) 引用数组元素时下标最大值不能出界，也就是说，若数组长度为 n，下标的最大值为 n-1；若出界，C 编译时并不给出错误提示信息，程序仍能运行，但破坏了数组以外其他变量的值，可能会造成严重的后果，因此必须注意数组边界的检查。

数组的初始化是指在定义数组时给全部数组元素或部分数组元素赋值。一维数组的初始化有以下三种形式：

(1) 数组初始化形式一。

例如：将括号内整型数据 0、1、2、3、4 分别赋给整型数组元素 a[0]、a[1]、a[2]、a[3]、a[4]，可以写为

int   a[5]={0, 1, 2, 3, 4} ;

又如：将括号内字符型数据分别赋给字符数组元素 c[0]、c[1]、c[2]、c[3]、c[4]，可以写为

char   c[5]={'c', 'h', 'i', 'n', 'a'} ;

其中，c[0]赋初值 'c'，c[1]赋初值 'h'，c[2]赋初值 'i'，c[3]赋初值 'n'，c[4]赋初值 'a'.

(2) 数组初始化形式二。

例如：对 a 数组中所有元素赋初值 0，可以写为

int   a [10]={0} ;

又如：对数值元素 a[0]赋初值 0，对 a[1]赋初值 1，其他元素均赋初值 0，可以写为

int   a [10]={0 , 1}

再如：

char   c[5]={'0'} ;

等价于

char   c[5]={'0' , '\0' , '\0' , '\0' , '\0'} ;

等价于

char   c[5]={'0', 0, 0, 0, 0} ;

注意：字符 '0' 与 '\0' 是不同的。字符 '0' 在存储单元内，数值为该字符的 ASCII 码值，即 48；字符 '\0' 在存储单元内，数值为该字符的 ASCII 码值，即 0。

上例的结果为 c[0] 赋初值 48，c[1]～c[4]赋初值 0。

(3) 数组大小的定义。

可以通过赋初值来定义数组的大小。在对全部数组元素赋初值时，可以不指定数组的长度，系统会自动计算其长度。

例如：

```
int    a[ ]={1, 2, 3, 4, 5} ;
```

等价于

```
int    a[5]={1, 2, 3, 4, 5} ;
```

又如：

```
int    a[ ]={0, 0, 0, 0, 0} ;
```

等价于

```
int    a[5]={0} ;
```

5. 二维数组的定义、引用和初始化

定义二维数组的一般格式为

类型标识符　数组名[常量表达式 1][常量表达式 2]；

例如：

```
int a[3][4] ;
```

定义了一个整型二维数组 a，共有 3*4=12 个元素，可以称为 3 行 4 列的数组。

对于以上定义的数组有以下几点说明，这些说明同样适合其他二维数组。

(1) 二维数组中每个数组元素必须有两个下标，常量表达式的值即为下标的值，与一维数组要求一样，其下标只能是正整数，并且从 0 开始。

(2) 可以将二维数组元素排列成一个矩阵，用二维数组的第 1 个下标表示数组元素所在的行，第 2 个下标表示所在的列，例如：

```
int    a[3][4] ;
```

按行形式排列数组元素的表示如下：

	第 0 列	第 1 列	第 2 列	第 3 列
第 0 行	a[0][0]	a[0][1]	a[0][2]	a[0][3]
第 1 行	a[1][0]	a[1][1]	a[1][2]	a[1][3]
第 2 行	a[2][0]	a[2][1]	a[2][2]	a[2][3]

(3) 在 C 语言中，二维数组中元素存放的顺序是：按行存放，即在内存中先顺序存放第一行的元素，再存放第二行的元素。例如，数组 a[3][4]的存放顺序是：a[0][0]、a[0][1]、a[0][2]、a[0][3]、a[1][0]、a[1][1]、a[1][2]、a[1][3]、a[2][0]、a[2][1]、a[2][2]、a[2][3]。

(4) 二维数组可看成一个一维数组，其中的每一个元素又是一个一维数组。例如，数组 a[3][4]可以看成是一个一维数组，它有 3 个元素 a[0]、a[1]、a[2]，每一个元素又是一个包括 4 个元素的一维数组，如元素 a[0]有 4 个元素 a[0][0]、a[0][1]、a[0][2]、a[0][3]。即

a[0]	a[0][0]	a[0][1]	a[0][2]	a[0][3]

| a[1] | a[1][0] | a[1][1] | a[1][2] | a[1][3] |
| a[2] | a[2][0] | a[2][1] | a[2][2] | a[2][3] |

数组名 a 表示数组第一个元素 a[0][0]的地址，也就是数组的首地址。a[0]也表示地址，表示第 0 行的首地址，即 a[0][0]的地址；a[1]表示第 1 行的首地址，即 a[1][0]的地址；a[2]表示第 2 行的首地址，即 a[2][0]的地址。因此可以得到下面的关系：

a=a[0]=&a[0][0]

a[1]=&a[1][0]

a[2]=&a[2][0]

其中，&是取地址运算符，&a[0][0]表示取元素 a[0][0]的地址。

二维数组中各个元素可看作具有相同数据类型的一组变量，因此对变量的引用及一切操作同样适用于二维数组元素。二维数组元素引用的格式为

数组名[下标][下标]

说明：

(1) 下标可以是整型常量或整型表达式。

(2) 二维数组的引用和一维数组的引用类似，要注意下标取值不要超过数组的范围。

例如，下面的语句均是正确的二维数组引用格式：

```
a[0][0]=3 ;
a[i-1][i]=i+j ;
a[0][1]=a[0][0] ;
a[0][2]=a[0][1]%(int)(x) ;
a[2][0]++ ;
scanf ("%d" , &[2][1]) ;
printf ("%d" , a[2][1]) ;
```

在定义二维数组的同时，可使用以下四种方法对二维数组进行初始化：

(1) 将所有数据写在一个大括号内，以逗号分隔，按数组元素在内存中的排列顺序对其赋值，例如：

```
int   a[2][3]={0 , 1 , 2 , 3 , 4 , 5 } ;
```

(2) 分行对数组元素赋值，例如：

```
int   a[2][3]={{0 , 1 , 2} , {4 , 5 , 6}} ;
```

这种赋值方法比较直观，把第 1 个大括弧中的数据赋给二维数组的第 0 行，把第 2 个大括弧中的数据赋给二维数组的第 1 行，依次类推。赋值结果同上。

(3) 对部分元素赋值，例如：

```
int   a[2][3]={{1} , {4}} ;
```

执行后对各行的第一个元素赋初值，其余元素均赋值为 0，即将 1 赋值给 a[0][0]，将 4 赋值给 a[1][0]，数组的其他元素赋值为 0，这种赋值方式比较直观。

(4) 如果对全部元素赋初值，则第一维的长度可以不指定，但必须指定第二维的长度，例如：

```
int a[][4]={1,2,3,4,5,6,7,8,9,10,11,12};
```

第二维长度为 4，显然 12 个元素应分处在 3 行，表示每行有 4 个元素，因此，等

价于

```
int a[3][4]={1,2,3,4,5,6,7,8,9,10,11,12};
```

在定义时也可以只对部分元素赋初值而省略第一维的长度，但应分行赋初值，例如：

```
int a[][4]={{0,1,2},{ },{7,8,9}};
```

这时定义的数组 a 有 3 行 4 列，又如：

```
int   a[ ][4]={1，2，3，4，5，6，7，8}；
```

等价于

```
int   a[2][4]= {1，2，3，4，5，6，7，8}；
```

再如：

```
int   a[ ][4]={{1，2，3}，{ }，{4}}；
```

等价于

```
int   a[3][4]={{1，2，3，0}，{0，0，0，0}，{4，0，0，0}}；
```

4.6.2　指针

1. 指针的基本概念

指针是 C 语言最灵活的部分，它充分体现了 C 语言简洁、紧凑、高效等重要特色，可以说，没掌握指针就没掌握 C 语言的精华。本节内容只是简单地介绍一下指针，更详细的用法请读者参考专门的参考资料。

指针之所以难学是因为它与内存有着密切的联系，简单的说，指针就是内存地址。这里首先要区分三个比较接近的概念：名称、内容(值)和地址。名称是给内存空间取的一个容易记忆的名字；内存中每个字节都有一个编号，就是地址；在地址所对应的内存单元中存放的数值即为内容或值。

对一个存储空间的访问既可以通过它的名称，也可以通过它的地址。C 语言规定编程时必须首先说明变量名、数组名，这样编译系统就会给变量或数组分配内存单元。系统根据程序中定义的变量类型，分配固定长度的空间。通常微机的 C 编译系统为整型变量分配两个字节，为实型变量分配 4 个字节，为字符型变量分配 1 个字节。

2. 指针变量

(1) 指针变量的定义。

基类型　*变量名

示例：

```
int *pointer1,*pointer2;
float *f;
char *pc;
```

说明：

① C 语言规定所有变量必须先定义后使用，指针变量也不例外，为了表示指针变量是存放地址的特殊变量，定义变量时在变量名前加指向符号"*"。

② 定义指针变量时，不仅要定义指针变量名，还必须指出指针变量所指向的变量的类型即基类型，或者说，一个指针变量只能指向同一数据类型的变量。由于不同类型的数据

在内存中所占的字节数不同，如果同一指针变量一会儿指向整型变量，一会儿指向实型变量，就会使该系统无法管理变量的字节数，从而引发错误。

③ 示例第一行定义了两个指向整型数据的指针变量 pointer1、pointer2，第二行定义了指向实型数据的指针变量 f，第三行定义了指定字符型数据的指针变量 pc。

(2) 指针变量的赋值。

指针变量指向某个变量的方法是将被指变量的地址赋值给该指针变量，这里就要用到取址运算符"&"，例如：

```
int i;
int *p;
p=&i;
```

上述命令的执行将使指针变量 p 指向变量 i。

注意：虽然变量的地址&i 是一个整型数据，但一般情况下不要给指针变量送一个整型常量，如 p=1000 是不允许的，这是因为变量的地址是由编译系统分配的，用户一般不知道，也不必知道。

(3) 指针变量的引用。

【例 4-2】 通过指针变量访问整型变量。

```
void main(void)
{
int i=30,j=20;
int *pi,*pj;
pi=&i;   /*将 pi 指向 i*/
pj=&j;   /*将 pj 指向 j*/
printf("%d,%d\n",i,j);   /*直接访问变量 i,j*/
printf("%d,%d",*pi,*pj);   /*间接访问变量 i,j*/
}
```

运行结果

```
30,20
30,20
```

程序说明：

① int *pi,*pj; 语句定义了变量 pi、pj 是指向整型变量的指针变量，但没指定它们指向哪个具体变量。

② pi=&i; pj=&j; 语句确定了 pi、pj 的具体指向，pi 指向 i，pj 指向 j。不能误写成：*pi=&i,*pj=&j;

③ printf("%d,%d\n",i,j);语句通过变量名直接访问变量的方法，这是我们最常用的手段。

④ printf("%d,%d",*pi,*pj);语句通过指向变量 i、j 的指针变量来访问变量 i、j，*pi 表示变量 pi 所指向的单元的内容，即 i 的值；*pj 表示变量 pj 所指向的单元的内容，即 j 的值，因而两个 printf 语句输出的结果均为变量 i、j 所对应的值。

需要明确的是这里的*是对变量 pi、pj 所指向单元的值的引用；而 int *pi,*pj;语句处 pi、

pj 没有具体的指向，*定义了 pi、pj 属于指针变量，而非间址运算符。

(4) "*"与"&"运算符的进一步说明。

① 如果已执行了"pointer1=&a;"语句，则&*pointer1 的值是&a。因为"*"与"&"运算符的优先级相同，并且是自右向左结合，所以先进行*pointer1 的运算，得到变量 a，再进行&运算得到的值为变量 a 的地址。

② 如果已执行了"a=100;"语句，则*&a 的值是 100。因为先进行&a 运算得到 a 的地址，再进行*运算，得到 a 地址的内容 100。

③ 指针加 1，不是纯加 1，而是加一个所指变量的字节个数，例如：

```
int *p1,a=100;
p1=&a;
p1++;
...
```

3. 数组与指针

(1) 指向数组的指针。

如果一个变量中存放了数组的起始地址，那么该变量称为指向数组的指针变量，指向数组的指针变量的定义遵循一般指针变量定义规则，它的赋值与一般指针变量的赋值相同。如有以下定义：

```
int a[10],*p;
p=&a[0];
```

注意，如果数组为 int 型，则指针变量必须指向 int 类型。上述语句组的功能是将指针变量 p 指向 a[0]，由于 a[0]是数组 a 的首地址，所以指针变量 p 指向数组 a。

C 语言规定，数组名代表数组的首地址，因此下面两个语句功能相同：

```
p=a;
p=&a[0];
```

允许用一个已经定义过的数组的地址作为定义指针时的初始化值，例如：

```
float score[20];
float *pf=score;
```

注意：上述语句的功能是将数组 score 的首地址赋给指针变量 pf，这里的*是定义指针类型变量的说明符，而非指针变量的间址运算符，不是将数组 score 的首地址赋给*pf。

(2) 通过指针引用数组元素。

若指向数组的指针后，数组中各元素的起始地址可以通过起始地址加相对值的方式来获得，从而增加了访问数组元素的渠道。

C 语言规定，如果指针变量 p 指向数组中的一个元素，则 p+1 指向同一数组中的下一个元素(而不是简单地将 p 的值加 1)，如果数组元素类型是整型，每个元素占 2 个字节，则 p+1 意味着将 p 的值加 2，使它指向下一个元素，因此 p+1 所代表的地址实际上是 p+1*d，d 是一个数组元素所占的字节数(对整型数组，d=2；对实型数组，d=4；对字符型数组，d=1)。

① 地址表示法

当 p 定义为指向 a 数组的指针变量后，就会产生对同一地址不同的表示方法。例如，数组元素 a[5]的地址有三种不同的表示形式：

p+5， a+5， &a[5]

② 访问表示法

与地址表示法相对应，访问数组元素也有多种表示法。例如，数组元素 a[5]可通过下列三种形式访问：

*(p+5)， *(a+5)， a[5]

③ 指针变量带下标

指向数组的指针变量可以带下标，如 p[5]与*(p+5)等价。

④ 指针变量与数组名的引用区别

指针变量可以取代数组名进行操作，数组名表示数组的首地址，属于常量，它不能取代指针变量进行操作。例如，设 p 为指向数组 a 的指针变量，p++可以，但 a++不行。

⑤ ++与+i 不等价

用指针变量对数组逐个访问时，一般有两种方式，*(p++)或*(p+i)，表面上这两种方式没多大区别，但实际上有很大差异，像 p++不必每次都重新计算地址，这种自加操作比较快，能大大提高程序的执行效率。

根据以上叙述，引用一个数组元素，可以有两个方法：

① 下标法，通过数组元素序号来访问数组元素，用 a[i]形式来表示。

② 指针法，通过数组元素的地址访问数组元素，用*(p+i)或*(a+i)的形式来表示。

4.7 结构与共用体

4.7.1 结构

1. 结构

结构是一种数据的集合体，它能按需要将不一样类型的变量组合在一起，整个集合体用一个结构变量名表示，组成这个集合体的各个变量称为结构成员。结构的概念，可以通过班级和学生的关系去理解，班级名称就相当于结构变量名，它代表所有同学的集合，而每个同学就是这个结构中的成员。使用结构变量时，要先定义结构类型，一般定义格式如下：

struct   结构名   {结构元素表};

例如：

```
struct FileInfo
{
    unsigned char FileName[4]; unsigned long Date; unsigned int Size;
}
```

上面的例子中定义了一个简单的文件信息结构类型，可用于描述简单的单片机文件信息，结构中有三个元素，分别用于操作文件名、日期、大小。因为结构中的每个数据成员能使用不一样的数据类型，所以要对每个数据成员进行数据类型定义。定义好一个结构类型后，能按下面的格式定义结构变量，要注意的是只有结构变量才能参与程序的执行，结构类型只是用于说明结构变量是属于哪一种结构。

　　struct　结构名　结构变量名 1，结构变量名 2，…，结构变量 N；

　　例如：

struct FileInfo NewFileInfo, OldFileInfo;

　　通过上面的定义，NewFileInfo 和 OldFileInfo 都是 FileInfo 结构，都具有一个字符型数组、一个长整型和一个整型数据。定义结构类型只是给出了这个结构的组织形式，它不会占用存储空间，也就是说结构名是不能进行赋值和运算等操作的。结构变量则是结构中的具体成员，会占用空间，能对每个成员进行操作。

　　结构是允许嵌套的，也就是说在定义结构类型时，结构的元素能由另一个结构构成，例如：

```
struct clock
{
    unsigned char second, minute, hour;
}
struct date
{
    unsigned int year;
    unsigned char month, day;
    struct clock Time;    //这是结构嵌套
}
```

　　struct date NowDate;   //定义 data 结构变量名为 NowDate

　　结构中对数据元素的操作是通过对它的结构元素的引用来实现的。引用的方法是使用存取结构元素成员运算符 "." 来连接结构名和元素名，格式如下：

　　结构变量名.结构元素

　　要存取上例结构变量中的年份时，就要写成 NowDate.year。嵌套的结构在引用元素时就要使用多个成员运算符，一级一级连接到最低级的结构元素。要注意的是在单片机 C 语言中只能对最低级的结构元素进行访问，而不可能对整个结构进行操作，例如：

NowDate.year = 2005;

NowDate.month = OldMonth+ 2; //月份数据在旧的基础上加 2

NowDate.Time.min++;   //分针加 1，嵌套时只能引用最低一级元素。一个结构变量中元素的名字能和程序中其他地方使用的变量同名，因为元素是属于它所在的结构中，使用时要用成员运算符指定//

　　结构类型的定义还能有如下的两种格式：

struct

{

　　结构元素表

}　　结构变量名 1，结构变量名 2，…，结构变量名 N；

　　例如：

```
struct
{
        unsigned char FileName[4]; unsigned long Date; unsigned int Size;
} NewFileInfo, OldFileInfo;
```

这种定义方式没有使用结构名，称为无名结构，通常会用于程序中只有几个确定的结构变量的场合，不能在其他结构中嵌套。

另一种定义方式如下：

struct 结构名

{

　　结构元素表

} 　结构变量名 1，结构变量名 2，…，结构变量名 N；

例如：

```
struct FileInfo
{
        unsigned char FileName[4]; unsigned long Date; unsigned int Size;
} NewFileInfo, OldFileInfo;
```

使用结构名便于程序阅读和便于在其他结构中嵌套该结构。

4.7.2　共用体

1. 共用体的定义

共用体类型的定义与结构体类型的定义类似。定义共用体的一般格式如下：

union 共用体名

{

　　类型标识符　成员名列表 1；

　　类型标识符　成员名列表 2；

　　　…

　　类型标识符　成员名列表 N；

} 变量列表；

共用体变量所占内存的长度是成员中最长的数据长度，在这样一个空间中可以存放不同类型和不同长度的数据，而这些数据都是以同一地址开始存放的。

例如，定义一个共用体，其中包括整型、字符型和实型变量，这三种数据类型的成员共享同一块内存空间。

```
union   unidata
{
    int   i ;
    char   ch ;
    float   f ;
}s1 ;
```

2. 共用体变量的定义和引用

引用共用体变量成员的用法与结构体完全相同，即使用运算符 "." 和 "->"。

例如，若定义共用体类型为

```
union data                    /* 共用体 */
{
        int a;
        float b;
        double c;
        char d;
}mm;
```

其成员引用为 mm.a、mm.b、mm.c、mm.d。

在使用共用体变量时应注意：

(1) 在程序执行的某一时刻，只有一个共用体成员起作用，而其他的成员不起作用。

(2) 两个具有相同共用体类型的变量可以互相赋值。

(3) 可以对共用体变量进行取地址运算。

3. 共用体类型数据的特点

共用体类型数据有以下两个特点：

(1) 共用体变量中的值是最后一次存放的成员的值，例如：

```
s1.i = 1;
s1.ch = 'a';
s1.f = 1.5;
```

完成以上三个赋值语句后，共用体变量的值是 1.5，而 s1.i=1 和 s1.ch='a' 已无意义。

(2) 共用体变量不能初始化，例如：

```
union data
{
    int i;
    char ch;
    float f;
}a={1,'a', 1.5};
```

在使用共用体类型变量时一定要注意：因为变量的成员占用同一段内存空间，所以在操作时要小心，以免造成数据的覆盖。共用体的应用范围比较窄，一般情况下，多个数据使用同一内存空间时使用共用体。例如，汉字的内码占用两个字节，英文字符的 ASCII 码占用一个字节，在接收汉字或英文字符时可以使用共用体变量来处理接收的是汉字或字符。

本 章 小 结

本章介绍了如何使用 C 语言来编写单片机的应用程序。C 语言是一种编译型程序设计语言，它兼顾了多种高级语言的特点，简洁明了，可移植性高，并具备汇编语言的某些特点。

与汇编语言相比，用 C 语言开发单片机具有如下特点：

(1) 开发速度优于汇编语言。

(2) 软件的可读性和可维护性显著改善。

(3) 提供的库函数包含许多标准子程序，具有较强的数据处理能力。

(4) 关键字及控制转移方式更接近人的思维方式。

(5) 方便进行多人联合开发，实现模块化软件设计。

(6) C 语言本身并不依赖于机器硬件系统，故移植方便。

(7) 适合运行于嵌入式实时操作系统中。

习　　题

1. 在 MCS-C51 单片机中，数据类型为常量和变量是如何定义的？需要注意哪些问题？

2. 常用的程序结构有哪几种？特点如何？

3. 子程序调用时，参数的传递方法有哪几种？

4. 什么叫堆栈？堆栈指针 SP 的作用是什么？

5. 在 MCS-C51 中，函数返回值传递的规则是什么？

第 5 章　uVision2 集成开发环境

Keil C51 标准 C 编译器为 8051 微控制器的软件开发提供了 C 语言环境，随着 Keil C51 编译器的功能不断增强，其效率已经达到了相当高的程度。Keil C51 已被完全集成到 uVision2 的开发环境中，这个集成开发环境包括编译器、汇编器、实时操作系统、项目管理器和调试器。

Keil C51 软件是众多单片机应用开发的优秀软件之一，它集编辑、编译和仿真于一体，支持汇编语言、PLM 语言和 C 语言的程序设计，界面友好，易学易用。

Keil uVision2 是目前使用广泛的单片机开发软件，它集源程序编辑和程序调试于一体，同样支持汇编语言、PLM 语言和 C 语言的程序设计语言。这里我们仅仅介绍 Keil uVision2 的简单使用，更详细的使用方法见有关书籍与网络资料。

本章主要内容：

- Keil C51 软件的安装
- Keil C51 工程的建立

5.1　Keil C51 v6.12 的安装

先运行 setup.exe 安装程序，选择安装"Eval Version"版，一直点击"Yes"或"Next"，直到"Finish"完成。安装好后，在桌面上会产生快捷图标，如图 5-1 所示。

图 5-1　Keil C51 软件的快捷图标

5.2　Keil C51 v6.12 的使用

点击桌面快捷图标，可以直接进入主画面，如图 5-2 所示。

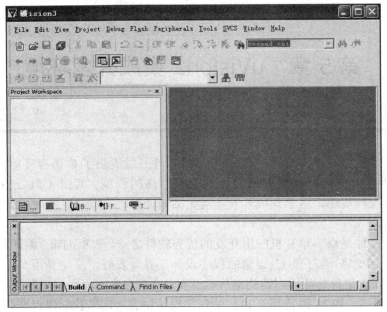

图 5-2 软件启动主界面

下面举例说明从编辑源程序到程序调试的全过程。这里设计一个由单片机 P2 口驱动 LED 灯，使之隔一个亮隔一个灭的程序。

(1) 在 Keil 系统中，每运行一个独立的程序，都视为工程(或者叫项目)。首先单击 "Project" 中的 "New Project…"，建立一个工程项目，如图 5-3 所示。

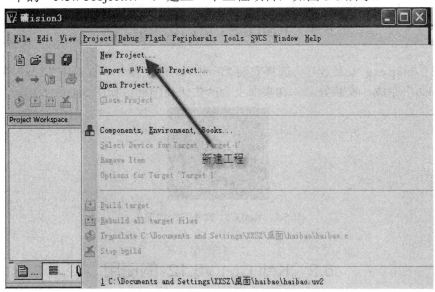

图 5-3 新建文件对话窗口

(2) 新建的工程要起个与工程项目意义一致的名字，可以是中文名。本程序是一个实验测试程序，所以起的名字为 test，并将 test 工程保存到 C:\Keil 下，如图 5-4 所示。

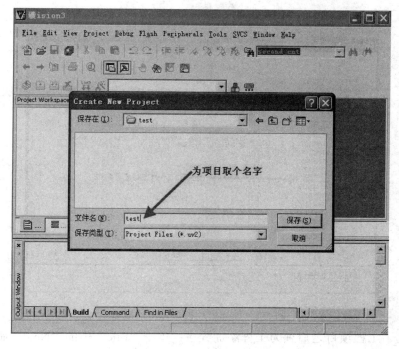

图 5-4　新文件命名对话框

（3）Keil 环境要求我们为 test 工程选择一个单片机型号，此处选择 Atmel 公司的 AT89C51。单击"确定"后工程项目就建立了，如图 5-5、图 5-6 所示。

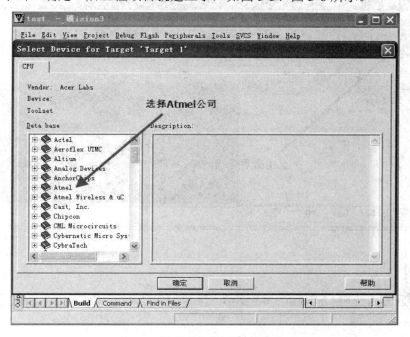

图 5-5　选择单片机型号对话框 1

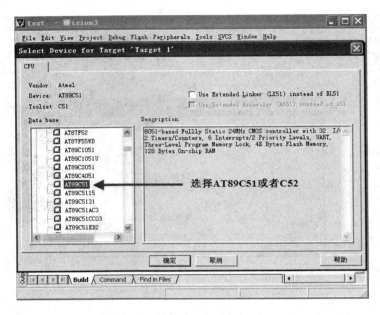

图 5-6　选择单片机型号对话框 2

(4) 建立了工程项目之后须为工程添加程序：单击"File"中的"New"命令，或单击工具栏的"New"按钮新建一个空白文档，在该空白文档中编写单片机的程序，也可以进行编辑、修改等操作。创建文件对话框如图 5-7、图 5-8 所示。

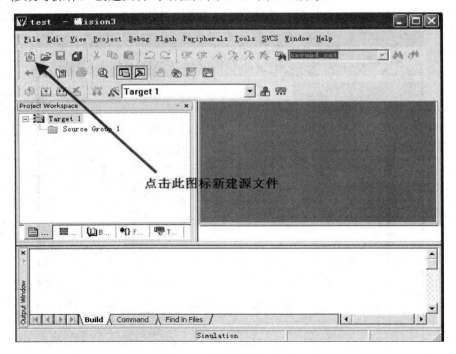

图 5-7　创建文件对话框 1

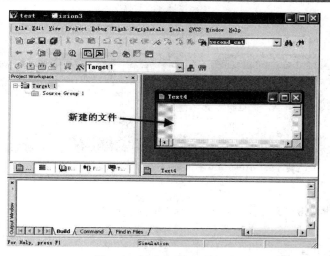

图 5-8　创建文件对话框 2

(5) 根据题意，在文档中写入下列代码：

```c
#include<reg51.h>
{
    while(1)
    {
        P2 = 0xaa;//将 10101010 二进制代码送 P2 口
    }
}
```

(6) 写完后再检查一下，单击"Save"按钮保存文件，保存文件时，文件名最好与前面建立的工程名相同(这里为 test)，其扩展名必须为.c。在"文件名"文本框中一定要写完整的文件名，如 test.c，如图 5-9 所示。保存后的文档彩色语法会起作用，将关键字进行彩色显示。

图 5-9　保存文件对话窗口

单片机原理及其 C 语言程序设计

（7）保存.c 源文件后，还要将其添加到工程中。具体做法如下：鼠标右键点击"Source Group 1"，在弹出的菜单中选择"Add Files to Group Source Group 1"，如图 5-10 所示。

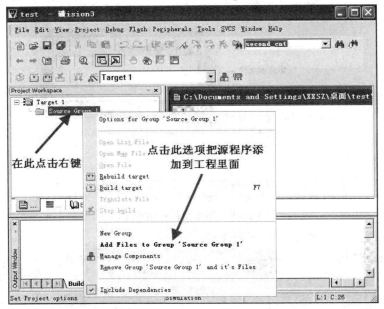

图 5-10　添加源文件对话窗口 1

（8）选择"文件类型"为"c Source file"(由于我们使用的是 C51 语言，所以选择 c 源文件)，选中刚才保存的 test.c，点击"Add"按钮，再点击"Close"按钮，文件就添加到了工程中，如图 5-11 所示。

图 5-11　添加源文件对话窗口 2

向工程添加了源文件后的界面如图 5-12 所示。

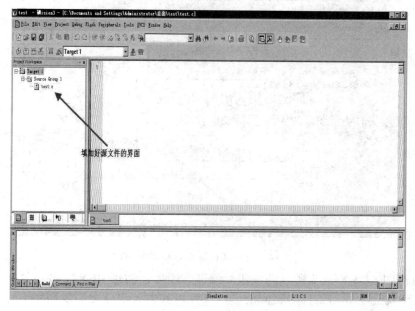

图 5-12　添加源文件后的界面

(9) 用鼠标右键点击目标属性按钮，在弹出的菜单中选择"Target 1"，如图 5-13 所示。

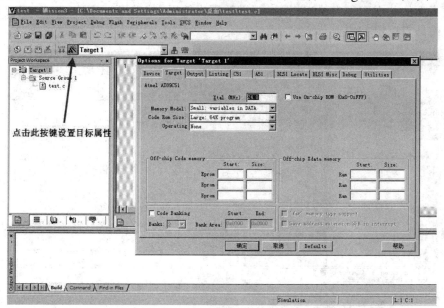

图 5-13　目标文件属性设置窗口

(10) 在打开的对话框中，选择"Output"选项卡，在"Create HEX File"选项前要打勾，点击"确定"按钮退出，如图 5-14 所示。

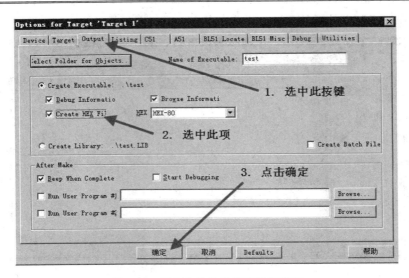

图 5-14　目标文件输出选项设置窗口

(11) 点击图 5-15 中箭头所示的按钮，编译、连接、创建 HEX 文件一气呵成，在工程文件的目录下就会生成与工程名相同的一些文件，其中大部分文件我们并不必关心，而生成的 HEX 文件是要烧写到单片机中的最终代码，也就是单片机可以执行的程序。这里生成的是 test.hex。

若在下面的状态窗中有错误提示，就需要再次编辑、修改源程序(如语法、字符有错等)、保存等操作，直至没有错误。

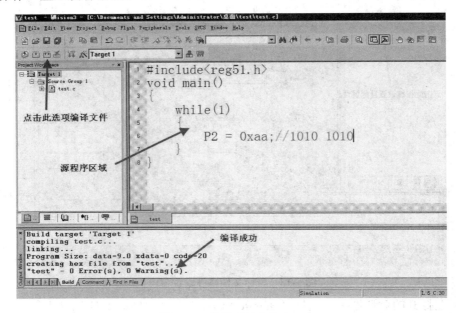

图 5-15　编译后的文件窗口

(12) 在没有语法错误的情况下，点击如图 5-16 所示工具栏中的按钮就可以进入调试窗口进行模拟调试。

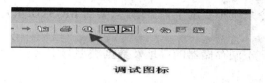

图 5-16 调试按钮工具栏

(13) 由于该程序是让 P2 口 8 个引脚隔一个输出 0，隔一个输出 1，所以要从菜单的 "I/O-Ports" 中打开 "Port 2" (P2 口窗)，如图 5-17 所示。

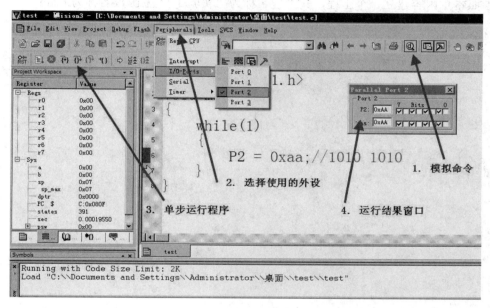

图 5-17 调试窗口界面

(14) 单击 0，在 P2 窗中就可以看到我们原先设想的效果。

(15) 至此，这个程序暂告一段落。接下来，就可以启动 C51 单片机编程器，将刚刚生成的 test.hex 烧写到单片机芯片，在实验板上进行实际验证。

本章小结

用 C 语言编写的应用程序必须经单片机的 C 语言编译器(简称 C51)转换生成单片机可执行的代码程序。支持 MCS-51 系列单片机的 C 语言编译器有很多种，如 American Automation、Auoect、Bso/Tasking、KEIL 等，其中德国 Keil 公司的 C51 编译器在代码生成方面领先，可产生最少代码，它支持浮点和长整数、重入和递归，使用非常方便。

本章针对这种被广泛应用的 Keil C51 编译器，详细地介绍了用 Keil C 软件建立工程的过程，读者只需按照上述步骤建立即可。

该软件具有如下特点：

(1) 针对 8051 的特点对标准的 C 语言进行扩展。

(2) 对单片机的指令系统不要求十分了解，只要对 MCS-51 单片机的存储结构初步了解就可以编写出应用程序。

(3) 寄存器的分配、不同存储器的寻址及数据类型等细节由编译器管理。

习　题

参照本章内容建立一个工程，其工程名称为"实验 1"，主函数名称为 main.c。

第6章　MCS-51 单片机内部资源的 C 语言程序设计

MCS-51 单片机的内部资源主要有并口、5 个中断系统、两个计数器/定时器及串口，单片机的大部分功能是通过对这些资源的利用来实现的，下面分别对其进行 C 语言编程设计。

本章主要内容：

- MCS-51 单片机控制 I/O 口的编程
- MCS-51 单片机中断系统的 C 语言程序设计
- MCS-51 单片机定时器的 C 语言编程
- MCS-51 单片机串口通信的 C 语言编程

6.1　单片机的并行 I/O 口

MCS-51 单片机有 4 个并行的 I/O 口，每个 I/O 口既可以按字节单独使用，也可以按位进行单独操作，各个 I/O 口都可以作为一般的 I/O 口来使用。

6.1.1　点亮一个发光二极管

1．实验原理介绍

若用单片机点亮一个发光二级管，其原理如图 6-1 所示。通过前面的学习可知，单片机的 I/O 口可以输出高电平(大约 5 V)和低电平(大约 0 V)，在单片机内部表示就是 1 和 0。由图 6-1 所示的原理图可知，只要 P0.0 输出一个"0"就可以了。那么用 C 语言表示就是 P0 = 0xFE，0x 表示这是十六进制数，换算成二进制为 11111110。由此我们可以看出这条语句使 P0 口中只有 P0.0 输出低电平，而 P0.1～P0.7 都输出高电平。

结合前面学习的基本元器件知识，观察图 6-1 容易知道，当通过编写程序在 P0.0 口输出一个低电平"0"时将点亮发光二极管。

2．C 语言参考程序

```
/********************************
*  点亮发光二极管程序
********************************/
#include <reg51.h> //包含头文件
void main() //主函数
{
```

```
    P1 = 0xfe; //低电平驱动发光二极管
    while(1)    //进入 while 死循环
    {
    }
}
```

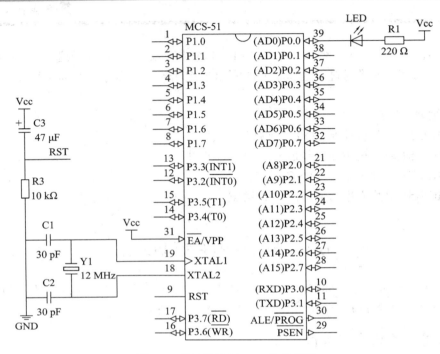

图 6-1   单片机控制 LED 的原理图

3．程序分析

上面这个程序虽然简单，却是 MCS-51 单片机 C 语言编程的基本结构。首先必须用 #includes <reg51.h>来包含 MCS-51 单片机的头文件，这个头文件里是单片机内部各种寄存器的定义，没有这个头文件，编写的 C 语言程序就无法和单片机硬件联系起来。void main() 主函数是整个程序开始执行的地方，没有主函数程序就无法执行。

6.1.2   8 个 LED 的流水灯实验

1．实验原理介绍

要使图 6-2 所示的 8 个 LED 发光，需把相应的 P2 口的某一位置成低电平就可以了；反之，置成高电平就可以使相应的 LED 熄灭，而要使其闪动起来，只要在相应的管脚上面每隔一段时间轮流输出高、低电平就可以了。因为单片机的程序执行速度很快，如果在很短的时间内改变 P2 口的状态，人眼是看不出来的，中间必须有个合适的延迟时间，所以一般闪动的延迟为 400 ms 左右，以方便看出其效果。

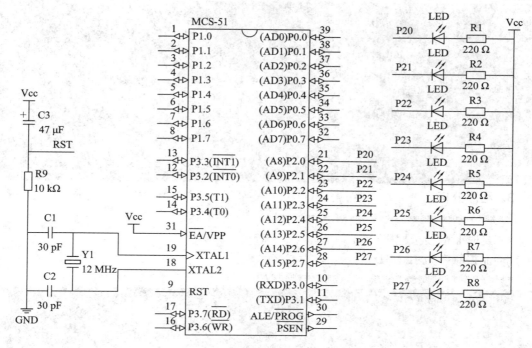

图 6-2　单片机控制流水灯原理图

2. C 语言参考程序

```
/*********************************
*   流水灯控制程序
*   低电平点亮二极管
*   P2 口显示
*********************************/
#include <reg51.h>
void delay(unsigned int k)
{
    unsigned int i,j;
    for(i=k;i>0;i--)
        for(j=110;j>0;j--);
}
void main(void)
{
    unsigned char i,temp,a;
    while(1)
    {
        temp = 0xfe;
        delay(400);
```

```
        for(i=0;i<8;i++)
        {
            P2 = temp;
            a = temp<<i;
            a = al1;
            delay(400);
        }
    }
}
```

3．程序分析

```
/*********************************
*    延时 k 毫秒子程序
*    晶振频率为 12 MHz
*********************************/
```

```
void delay(unsigned int k)
{
    unsigned int i,j;
    for(i=k;i>0;i--)
        for(j=110;j>0;j--);
}
```

这是一个带参数的延迟函数，该函数在 12 MHz 的晶振下面，延迟时间为 k 毫秒，因此程序中每隔 400 毫秒点亮或熄灭一个 LED。

```
for(i=0;i<8;i++)
{
    P2 = temp;
    a = temp<<i;
    a = al1;
    delay(400);
}
```

循环左移控制语句，没有执行第一次循环时 temp = 0xfe，循环一次后变为 temp = 0xfc，然后执行 a = al1 后变为 a = 0xfd，其二进制数为 1111 1101，即点亮第二个 LED，然后依次将"0"左移，即：1111 1011→1111 0111→1110 1111→1101 1111→1011 1111→0111 1111→1111 1110，完成一个大循环。

6.1.3　一路开关状态指示实验

1．实验原理介绍

如图 6-3 所示，开关 S1 接在 P2.0 端口上，用发光二极管 LED(接在单片机 P0.0 端口上)显示开关状态，即如果开关合上，LED 亮，开关断开，LED 熄灭。

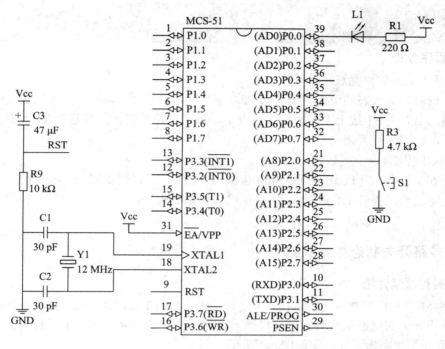

图 6-3　一路开关状态指示电路图

2．C 语言参考程序

```
/*****************************************

*   开关状态指示程序

*   开关闭合则点亮二极管，开关断开则熄灭

*****************************************/
#include <reg51.h>
sbit LED = P0^0;
sbit K1 = P2^0;
void main(void)
{
    while(1)
    {
        if(K1==0)
        {
            LED = 0; //灯亮
        }
        else
        {
            LED = 1; //灯灭
        }
```

```
        }
}
```

3．程序分析

(1) 开关状态的检测过程。

单片机对开关状态的检测就是从其 P2.0 端口输入信号，而输入的信号只有高电平和低电平两种。当开关 S1 拨上去，即输入高电平，相当于开关断开；当开关 S1 拨下去，即输入低电平，相当于开关闭合。

(2) 输出控制。

如图 6-3 所示，当 P0.0 端口输出高电平，即 L1＝1 时，根据发光二极管的单向导电性可知，这时发光二极管 L1 熄灭；当 P0.0 端口输出低电平，即 L1＝0 时，发光二极管 L1点亮。

6.1.4 多路开关状态指示实验

1．实验原理介绍

MCS-51 单片机的 P2.0～P2.3 接 4 个发光二极管 L1～L4，P2.4～P2.7 接了 4 个开关 S1～S4，编程将开关的状态反映到发光二极管上(开关闭合，对应的灯亮；开关断开，对应的灯灭)，多路开关状态指示连接图如图 6-4 所示。

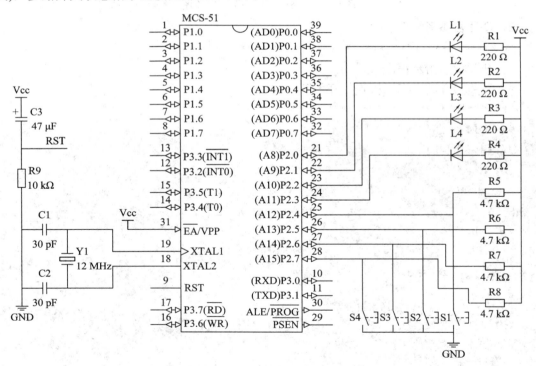

图 6-4　多路开关状态指示连接图

2．C 语言参考程序

方法一(C 语言参考程序)：

```
/********************************
*   移位法指示开关状态控制程序 1      *
********************************/
#include <reg51.h>
unsigned char temp;
void main(void)
{
    while(1)
    {
        P2 = 0xff;    //P2 口的高 4 位置 1，准备读入数据；低 4 位置 1，熄灭 LED
        P2 = P2>>4; //读入 P2.4～P2.7 引脚状态，右移 4 位后从 P2 口低 4 位输出
    }
}
```

方法二(C 语言参考程序):
```
/********************************
*   移位法指示开关状态控制程序 2      *
********************************/
#include <reg51.h>
void main(void)
{
    unsigned char temp;//定义临时变量
    while(1)
    {
        P2 = 0xff;          //P2 口初始化
        temp = P2&0xf0;   //读 P2 口并屏蔽低 4 位，送至临时变量
        temp = temp>>4;  //右移 4 位
        P2 = temp;         //通过 P2 口低 4 位输出开关状态
    }
}
```

6.2　单片机中断系统的 C 语言编程

　　MCS-51 单片机的中断系统提供 5 个中断源(52 系列是 6 个)，具有 2 个中断优先级，可以实现两级中断嵌套。与中断有关的寄存器知识在前面已经介绍过，下面来说明单片机中断系统的 C 语言编程。

　　C51 语言编译器支持在 C 语言源程序中直接编写 MCS-51 单片机的中断服务函数程序，从而减轻了采用汇编中断服务的烦琐程序。为了能在 C 语言源程序中直接编写中断服务函数，C51 语言编译器对函数的定义有所扩展，增加了一个扩展关键字 interrupt。关键字

interrupt 是函数定义时的一个选项，加上这个选项即可将函数定义成中断服务函数。

定义中断服务函数的一般形式为

函数类型　函数名(形式参数表)　interrupt n [using n]

interrupt 后面的 n 是中断号，对于 MCS-51 单片机而言，外部中断 0 中断、定时器/计数器 T0 溢出中断、外部中断 1 中断、定时器/计数器 T1 溢出中断、串行口发送/接收中断对应的中断号分别为 0、1、2、3、4；using 后面的 n 是选择哪个工作寄存器区，分别为 0、1、2、3。

中断系统初始化步骤如下：

(1) 置位相应中断源的中断允许。

(2) 设定所有中断源的中断优先级。

(3) 若为外部中断，则规定低电平是负边沿的中断触发方式。例如，用 INT0 低电平触发的中断系统初始化程序。

① 采用位操作指令：

```
EA = 1;
EX0 = 1;            //开 INT0 中断
PX0 = 1;            //令 INT0 为高优先级
IT0 = 0;            //令 INT0 为电平触发
```

② 采用字节操作指令：

```
IE = 0x81;          //开 INT0 中断
IP = 0x01;          //令 INT0 为电平触发
```

显然，采用位操作指令进行中断系统初始化是比较简单的，因为用户不必记住各控制位在寄存器中的位置，只需按各控制位名称来设置，而各控制位名称是比较容易记忆的。

6.2.1　单片机中断系统的初始化

【例 6.1】　若允许片内两个定时器/计数器中断，禁止其他中断源的中断请求，编写设置 IE 的相应程序段。

(1) 用位操作指令：

```
ES = 0;    //禁止串行口中断
EX1 = 0;   //禁止外部中断 1 中断
EX0 = 0;   //禁止外部中断 0 中断
ET0 = 1;   //允许定时器/计数器 T0 中断
ET1 = 1;   //允许定时器/计数器 T1 中断
EA = 1;    //CPU 开中断
```

(2) 用字节操作指令：

```
MOV   IE = 0x8A;    //1000 1010
```

【例 6.2】　设置 IP 寄存器的初始值，使两个外部中断请求为高优先级，其他中断请求为低优先级。

(1) 用位操作指令：

```
PX0 = 1;    //两个外中断为高优先级
PX1 = 1;
```

PS = 0 ;   //串口为低优先级中断

PT0 = 0;   //两个定时器/计数器低优先级中断

PT1 = 0;

(2) 用字节操作指令:

IP = 0x05;   //0000 0101

【例 6.3】 外部中断。

在本例中，首先通过 P0.0 口点亮发光二极管，然后从外部输入一个脉冲串，则发光二极管明、暗交替，其电路如图 6-5 所示。

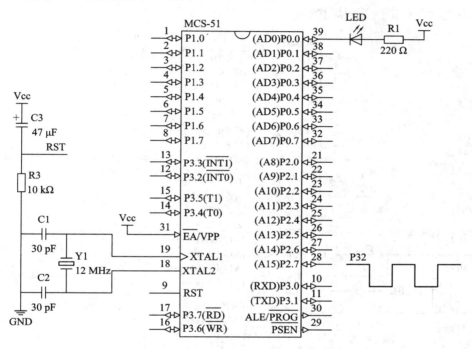

图 6-5 发光二极管明、暗交替电路图

参考程序如下:

```
/************************************************
*   用发光二极管指示外部中断 0 管脚上的高低电平信号
*************************************************/
        #include<reg51.h>
        sbit   p00 = P0^0;
        void int0()   interrupt 0 using 2      //定义外部中断 0
          {
           p00 = !p00;
          }
        void   main()
        {    EA = 1;                          //开中断
```

```
        IT0 = 1;                          //外部中断 0 脉冲触发
        EX0 = 1;                          //开外部中断 0
        p00 = 0;
        while(1);
    }
```

【例 6.4】 如图 6-6 所示，8 只 LED 阴极接至单片机 P0 口，两个开关 S1、S2 分别接至单片机引脚 P3.2 和 P3.3。编写程序控制 LED 状态，按下 S1 后，如果 8 只 LED 为熄灭状态，则点灯，如果 8 只 LED 为点亮状态，则保持；按下 S2 后，不管 8 只 LED 是熄灭状态还是点亮状态，都变为闪烁状态。

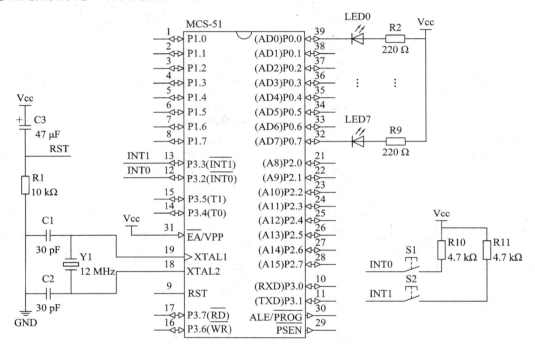

图 6-6 利用中断控制发光二极管电路

程序代码如下：

```
#include<reg51.h>
/*********************************
*   延迟 d 毫秒子函数
*********************************/
void delay(unsigned int d)
{
    unsigned int i,j;
    for(i = d;i>0;i --)
    for(j = 110;j > 0;j --);
}
```

```
/***********************************
*    外部中断控制发光二极管主函数      *
***********************************/
void main()
{
    P0 = 0xFF;           //熄灭 LED
    EA = 1;              //开总中断
    EX0 = 1;             //开外中断 0
    EX1 = 1;             //开外中断 1
    IT0 = 0;             //外中断 0 为电平触发方式
    IT1 = 0;             //外中断 1 为电平触发方式
    for(; ;)             //延时等待中断发生
    {;}
}
/***********************************
*    外部中断 0 中断服务函数            *
***********************************/
void Int0_ISR( ) interrupt 0
{
    P0 = 0x00;
    PX0 = 0;
    PX1 = 0;
}
/***********************************
*    外部中断 1 中断服务函数            *
***********************************/
void Int1_ISR( ) interrupt 2
{
    while(1)
    {
    delay(1000);
    P0 = 0x00;
    delay(1000);
    P0 = 0xFF;
    }
}
```

6.3 单片机计数器/定时器的 C 语言编程

MCS-51 单片机内部有两个 16 位的可编程定时器/计数器，即定时器 T0 和 T1，它们有 4 种工作方式，既可以用作定时器，又可以用作计数器。

用作定时功能时，对机器周期进行计数，计数脉冲来自单片机的内部，即每个机器周期产生一个计数脉冲使得计数器加 1，直至计满溢出。

用作计数功能时，对外来脉冲进行计数。T0(P3.4) 和 T1(P3.5) 两个引脚作为计数输入端，外部输入的脉冲在出现从 1 到 0 的负跳变时有效，计数器进行加 1。计数方式下，单片机在每个机器周期的 S5P2 节拍时对外部计数脉冲进行采样，如果前一个机器周期采样为高电平，后一个机器周期采样为低电平，即为一个有效的计数脉冲。在下一机器周期的 S3Pl 进行计数，即采样计数脉冲需要 2 个机器周期，即 24 个振荡周期，因此计数脉冲的频率最高为振荡脉冲频率的 1/24。

与定时器/计数器应用有关的控制寄存器有 3 个：定时器控制寄存器(TCON)、工作方式控制寄存器(TMOD)和中断允许控制寄存器(IE)，其初始化步骤如下：

(1) 确定工作方式：编程 TMOD 寄存器。

(2) 计算计数初值，并装载到 THx 和 TLx。

(3) 打开中断：编程 IE 寄存器。

(4) 启动定时器/计数器：编程 TCON 中的 TR1 和 TR0 位。

6.3.1 计数器/定时器方式 0 的应用编程

当 M1M0 为 00 时，定时器选定为方式 0 工作。在这种方式下，16 位寄存器(由特殊功能寄存器 TLx 和 THx 组成)只用了 13 位，TLx 的高 3 位未用，由 THx 的 8 位和 TLx 的低 5 位组成一个 13 位的定时器/计数器，其最大的计数次数应为 2^{13} 次。当 TLx 计数溢出时，向 THx 进位，全部 13 位计数溢出时，则向计数溢出标志位 TFx 进位。如果单片机采用 6 MHz 晶振，机器周期为 2 μs，则该定时器的最大定时时间为 2^{14} μs。

(1) 当定时器/计数器在方式 0 下作计数器用时，计数范围是 $1 \sim 8192(2^{13})$。

(2) 当定时器/计数器在方式 0 下作定时器用时，其定时时间计算公式为

$$T = (2^{13} - X) \times T_{osc} \times 12$$

式中 T 为定时时间，X 为计数初值，T_{osc} 为晶振周期。

【例 6.5】 设单片机晶振频率 $f_{osc} = 6$ MHz，使用定时器 1 以方式 0 产生周期为 200 μs 的等宽正方波脉冲，并由 P1.0 输出，如图 6-7 所示。

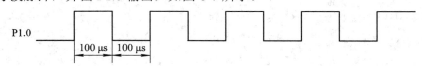

图 6-7　周期为 200 μs 的等宽正方波脉冲图

(1) 计算计数初值。

欲产生 200 μs 的等宽正方波脉冲，只需在 P1.0 端以 100 μs 为周期交替输出高、低电平即可实现，为此定时时间应为 100 μs。使用 6 MHz 晶振，则一个机器周期为 2 μs。方式 0 为 13 位计数结构。

设待求的计数初值为 X，则

$$(2^{13}-X)\times 2\ \mu s = 100\ \mu s$$

求解得：

$$X = 8142 = 0x1FCE = 1111111001110B$$

低 5 位和高 8 位分别转换为十六进制数，高 8 位为 0xFE，低 5 位为 0x0E。其中，高 8 位放入 TH1，即 TH1＝0xFE；低 5 位放入 TL1，即 TL1＝0x0E。

(2) TMOD 寄存器初始化。

为把定时器 / 计数器 1 设定为方式 0，则 M1M0＝00；为实现定时功能，应使 C/T＝0；为实现定时器 / 计数器 1 的运行控制，则 GATE＝0。定时器 / 计数器 0 不用，有关位设定为 0。因此 TMOD 寄存器应初始化为 0x00。

(3) 由定时器控制寄存器 TCON 中的 TR1 位控制定时的启动和停止：

TR1＝1 启动，TR1＝0 停止。

方法一(采用查询方式)：

```
/********************************

*   利用定时器 1 的方式 0 采用查询 TF1   *

*   产生方波信号函数                    *

********************************/
#include <reg51.h>          //包含 C51 头文件
sbit p10 = P1^0;            //定义位变量
void main(void)
{
    TMOD = 0x00;           //采用定时器 T1，工作方式 0，定时器模式
    TH1 = 0xFE;            //写入 100 μs 定时初值
    TL1 = 0x0E;
    TR1 = 1;               //启动 T1
    while(1)
    {
        if(TF1 == 1)
        {
            TF1 = 0;              //将 TF1 软件清零
            TH1 = 0xFE;           //重新写入 100 μs 定时初值
            TL1 = 0x0E;
            p10 = !p10;           //反转一次
        }
    }
}
```

方法二(采用中断方式):

```
/*******************************
 *   利用定时器 1 的方式 0 的          *
 *   中断法产生方波信号函数            *
 *******************************/
#include <reg51.h>          //包含 C51 头文件
sbit p10 = P1^0;            //定义位变量
void timer1() interrupt 3   //T1 中断函数
{
        TH1 = 0xFE;         //重新写入 100 μs 定时初值
        TL1 = 0x0E;
        p10 = !p10;         //反转一次
}
void main(void)
{
    TMOD = 0x00;            //采用定时器 T1，工作方式 0，定时器模式
    TH1 = 0xFE;             //写入 100 μs 定时初值
    TL1 = 0x0E;
    TR1 = 1;                //启动 T1
    ET1 = 1;                //打开 T1 中断
    EA = 1;                 //打开总中断
    while(1)
    {
    }
}
```

6.3.2 计数器/定时器方式 1 的应用编程

在这种方式下，16 位寄存器由特殊功能寄存器 TLx 和 THx 组成一个 16 位的定时器/计数器，其最大的计数次数应为 2^{16} 次。除了位数不同外，其工作情况和方式 0 完全相同。如果单片机采用 6MHz 晶振，则该定时器的最大定时时间为 2^{17} μs。

(1) 当定时器/计数器在方式 1 下作计数器用时，计数范围是 $1 \sim 65\ 536(2^{16})$。

(2) 当定时器/计数器在方式 1 下作定时器用时，其定时时间计算公式为

$$T = (2^{16} - X) \times T_{osc} \times 12$$

式中 T 为定时时间，X 为计数初值，T_{osc} 为晶振周期。

【例 6.6】 用 T1 的方式 1 实现由 P1.0 引脚输出 500 Hz 的方波，如图 6-8 所示。假设系统时钟频率采用 6 MHz。

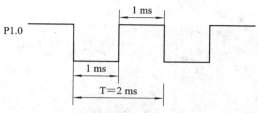

图 6-8　500 Hz 方波

分析：500 Hz 方波，周期为 2 ms，采用定时器定时 1 ms，将 P1.0 取反一次，再定时 1 ms 即可以得到周期是 500 Hz 的方波信号。

设定时 1 ms 的计数初值为 X，则有 $(2^{16} - X) \times 2^{-6} \text{s} = 1 \times 10^{-3} \text{s}$，$X = 65\ 036 = \text{0xFE0C}$，则 TH1 = 0xFE，TL1 = 0x 0C。

方法一(采取中断方式)：

```
/*************************************************
*    定时器 1 的方式 1 的中断法产生方波信号函数    *
*************************************************/
```

```c
#include <reg51.h>          //包含 C51 头文件
sbit   p10 = P1^0;          //位定义
void timer1() interrupt 3   //T1 中断服务程序
{
        TH1 = 0xFE;         //重新写入 1 毫秒定时初值
        TL1 = 0x0C;
        p10 = !p10;         //P1.0 引脚电平 1 毫秒反转一次
}
void main(void)
{
        TMOD = 0x10;        //采用定时器 T1，工作方式 1
        TH1 = 0xFE;         //写入 1 毫秒定时初值
        TL1 = 0x0C;
        TR1 = 1;            //启动 T1
        ET1 = 1;            //开 T1 中断
        EA = 1;             //开全局中断
        while(1)
        {
        }
}
```

方法二(采用查询 TF1 方式)：

```
/*****************************************
*    利用定时器 1 的方式 1，采用查询 TF1    *
*    法产生方波信号函数                    *
```

```
***************************************/
#include <reg51.h>        //包含 C51 头文件
sbit   p10 = P1^0;        //位定义
void main(void)
{
    TMOD = 0x10;          //采用定时器 T1，工作方式 1
    TH1 = 0xFE;           //写入 1 毫秒定时初值
    TL1 = 0x0C;
    TR1 = 1;              //启动 T1
    while(1)
    {
        if(TF1 == 1)      //查询定时器是否溢出
        {
            TF1 = 0;      //将 TF1 清零
            TH1 = 0xFE;   //重新写入 1 毫秒定时初值
            TL1 = 0x0C;
            p10 = !p10;   //P1.0 引脚电平 1 毫秒反转一次
        }
    }
}
```

【例 6.7】 编写定时器产生 1 s 的定时程序。假设系统时钟频率采用 6 MHz，采用定时器 T1。

分析：由第 3 章我们知道，在 6MHz 的频率下，单片机最大定时时间为 $65536 \times 2 \times 10^{-3}$ ms = 131.072 ms，不能达到题目要求，可以采用定时器方式 1 实现 100 ms 定时，再由软件计数 10 次。首先计算 100 ms 定时的初值。

设定时 100 ms 的计数初值为 X，则有$(2^{16}-X) \times 2 \times 10^{-6}$μs = 100×10^{-3}μs，$X = 15536 = 0x3CB0$，因此在程序中应给 TH1、TL1 赋值，则 TH1 = 0x3C，TL1 = 0xB0。

方法一(采用中断方式)：

```
/**********************************
*   利用定时器 T1 的方式 1 的定时程序
***********************************/
#include <reg51.h>            //包含 C51 头文件
unsigned char count = 0;      //定义一个全局变量
void timer1()   interrupt   3 //T1 中断函数
{
        TH1 = 0x3C;           //重新写入 100 毫秒初值
        TL1 = 0xB0;
        count++;
        if(count == 10)       //判断是否到 1 秒的时间
```

```
        {
            count = 0;
            控制语句
        }
}
void main(void)
{
    TMOD = 0x10;            //采用定时器 T1，工作方式 1
    TH1 = 0x3C;             //写入 100 毫秒初值
    TL1 = 0xB0;
    TR1 = 1;                //启动 T1
    ET1 = 1;                //打开 T1 中断
    EA = 1;                 //打开总中断
    while(1)
    {
    }
}
```

方法二(采用查询 TF1 方式):

```
/**********************************************
*    利用定时器 T1 的方式 1 的查询法产生 1 秒       *
*    时间的定时程序                               *
**********************************************/
#include <reg51.h>          //包含 C51 头文件
void main(void)
{
    unsigned char count = 10; //循环 10 次
    TMOD = 0x10;            //采用定时器 T1，工作方式 1
    TH1 = 0x3C;             //写入 100 毫秒定时初值
    TL1 = 0xB0;
    TR1 = 1;                //启动 T1
    while(1)
    {
        if(TF1 == 1)
        {
            TF1 = 0;        //将 TF1 清零
            count--;        //次数减 1
            if(count != 0)  //判断是否到 10 次，到 10 次表示 1 s 时间到
            {
                TH1 = 0x3C;    //重新写入 100 ms 定时初值
```

```
            TL1 = 0xB0;
        }
    }
}
}
```

【例 6.8】 采用 12 MHz 晶振，在 P1.0 脚上输出周期为 1.5 s、占空比为 1/3 的脉冲信号，如图 6-9 所示。

图 6-9　脉冲信号图

分析与计算：对于 12 MHz 晶振，使用定时器最大定时为几十毫秒(ms)。取 10 ms 定时，则周期 1.5 s 需 150 次，占空比为 1/3，高电平应为 50 次中断。

10 ms 定时，晶振 f_{osc} = 12 MHz。

需定时计数次数为 10000。

程序代码如下：

```
/**********************************
*   利用定时器 T0 的方式 1                      *
*   产生占空比为 1/3 脉冲信号的定时程序           *
**********************************/
#include <reg51.h>
#define    uchar unsigned char            //宏定义
uchar time;
sbit p10=P1^0;
uchar period = 150;
uchar high = 50;
void timer0( ) interrupt 1                //T0 中断服务程序
{
    TH0 = (65536−10000)/256;                        //重载计数值
    TL0 = (65536−10000)%256;
    if(++time==high) p10=0;                         //高电平时间到变低
    else if(time==period)                           //周期时间到变高
    {
        time = 0;
        p10 = 1;
    }
}
void main()
```

```
    {
        TMOD = 0x01;                        //定时器 0，方式 1
        TH0 = (65536-10000)/256;            //预置计数值
        TL0 = (65536-10000)%256;
        EA = 1;                             //开 CPU 中断
        ET0 = 1;                            //开 T0 中断
        TR0 = 1;                            //启动 T0
        while(1){}
    }
```

6.3.3　计数器/定时器方式 2 的应用编程

工作方式 0 和工作方式 1 的特点是计数溢出后，计数归 0，而不能自动重装初值，因此循环定时或循环计数应用就存在反复设置计数初值的问题，这不但影响到定时精度，而且也给程序设计带来麻烦。方式 2 就是针对此问题的解决而设置的，它具有自动重装计数初值的功能。在这种方式下，把 16 位计数分为两部分，即以 TLx 作为计数器，以 THx 作为预置计数器，初始化时把计数初值分别装入 TL 和 TH 中。当计数溢出时，由预置计数器给计数器 TLx 重新装初值。这种方式省去了程序中重装初值的指令，并可产生相当精确的定时时间，但这种方式是 8 位计数结构，计数值有限，最大只能到 256(2^8)。

(1) 当定时器/计数器在方式 2 下作计数器用时，计数范围是 1～256(2^8)。

(2) 当定时器/计数器在方式 2 下作定时器用时，其定时时间计算公式为

$$T = (2^8 - X) \times T_{osc} \times 12$$

式中 T 为定时时间，X 为计数初值，T_{osc} 为晶振周期。

【例 6.9】　使用定时器 T0 以工作方式 2 产生 100 μs 定时，在 P1.0 输出周期为 200 μs 的连续方波。已知晶振频率 f_{osc}＝6 MHz，如图 6-10 所示。

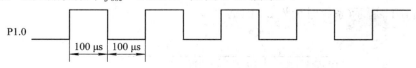

图 6-10　200 μs 的连续方波图

(1) 计算计数初值。

6 MHz 晶振下，一个机器周期为 2 μs，以 TH0 作重装载的预置寄存器，TL0 作 8 位计数器。假设计数初值为 X，则

$$(2^8 - X) \times 2\ \mu s = 100\ \mu s$$

求解得：

$$X = 206 = 11001110B = 0xCE$$

把 0xCE 分别装入 TH0 和 TL0 中：

$$TH0 = 0xCE, \quad TL0 = 0xCE$$

(2) TMOD 寄存器初始化。

定时器 / 计数器 T0 为工作方式 2，M1M0＝10；为实现定时功能 C/T=0；依题意 GATE

＝0；定时器／计数器 T1 不用，有关位设定为 0。综上情况 TMOD 寄存器的状态应为 02H。采用中断方式的程序代码如下：

```
/*******************************************
*   利用定时器 0 的方式 2 产生方波信号的程序   *
*******************************************/
#include <reg51.h>            //包含 C51 头文件
sbit p10 = P1^0;             //定义位变量
void timer0() interrupt 1     //T0 中断函数
{
        p10 = !p10;            //反转一次
}
void main(void)
{
    TMOD = 0x02;             //采用定时器 T0，工作方式 2，定时器模式，自动重装初值
    TH0 = 0xCE;              //写入 100 微秒定时初值
    TL0= 0xCE;
    TR0 = 1;                 //启动 T0
    ET0 = 1;                 //打开 T0 中断
    EA = 1;                  //打开总中断
    while(1)
    {
    }
}
```

【例 6.10】 当 T0(P3.4)引脚上发生负跳变时，从 P1.0 引脚上输出一个周期为 1 ms 的方波，如图 6-11 所示(系统时钟为 6 MHz)。

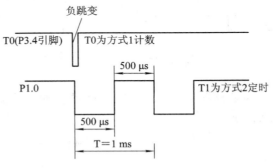

图 6-11　周期为 1ms 的方波图

(1) 工作方式选择。

T0 为方式 1 计数，初值为 65 535，即外部计数输入端 T0(P3.4)发生一次负跳变时，T0 加 1 且溢出，溢出标志 TF0 置"1"，向 CPU 发中断请求。在进入 T0 中断程序后，把 F0 标志置"1"，说明 T0 脚已接收了负跳变信号。

T1 定义为方式 2 定时。在 T0 脚发生一次负跳变后，启动 T1 每 500 μs 产生一次中断，在中断服务程序中对 P1.0 求反，使 P1.0 产生周期为 1 ms 的方波。

(2) 计算 T1 初值。

设 T1 的初值为 X，则

$$(2^8 - X) \times 2 \times 10^{-6} = 500 \times 10^{-6}$$
$$X = 2^8 - 250 = 6 = 0x06$$

程序代码如下：

```
/********************************
*   利用定时器 0 溢出标志 TF0 来控制
*   其他管脚产生方波信号的定时程序
********************************/
```

```c
#include <reg51.h>              //包含 C51 头文件
sbit p10 = P1^0;               //定义位变量
void timer0() interrupt 1      //T0 中断函数
{
        TR0 = 0;               //停止 T0 计数
        F0 = 1;                //建立产生中断标志
}
void timer1() interrupt 3      //T1 中断函数
{
        p10 = !p10;                    //反转一次，产生周期为 1 ms 的方波
}

void main(void)
{
    TMOD = 0x25;           //T1 为方式 2 定时，T0 为方式 1 计数
    TH0 = 0xFF;            //写入计数初值
    TL0= 0xFF;
    TH1 = 0x06;           //写入定时初值
    TL1 = 0x06;
    TR0 = 1;                //启动 T0
    TR1 = 1;                //启动 T1
    ET0 = 1;                //打开 T0 中断
    ET1 = 1;                //打开 T1 中断
    F0 = 0;                 //把 T0 已发生中断标志 F0 清零
    EA = 1;                 //打开总中断
    while(1)
    {
    }
```

}

【例 6.11】 利用 T1 的方式 2 对外部信号计数，要求每计满 100 个数，将 P1.0 取反。

解题分析与计算：本例是方式 2 计数模式的应用。

(1) 工作方式选择。

外部信号由 T1(P3.5) 脚输入，每发生一次负跳变计数器加 1，每输入 100 个脉冲，计数器产生溢出中断，在中断服务程序中将 P1.0 取反一次。

T1 方式 2 的控制字为 TMOD = 0x60。不使用 T0 时，TMOD 的低 4 位可任取，但不能使 T0 进入方式 3，这里取全 0。

(2) 计算 T1 的初值。

$$X = 2^8 - 100 = 156 = 0x9C$$

因此，TL1 的初值为 0x9C，重装初值寄存器 TH1 = 0x9C。

程序代码如下：

```
/**********************************
*    利用定时器 T1 方式 2 的自动重置功能    *
*    控制其他管脚产生方波信号的程序        *
**********************************/
#include <reg51.h>              //包含 C51 头文件
sbit p10 = P1^0;                //定义位变量
void timer1() interrupt 3       //T1 中断函数
{
    p10 = !p10;                 //反转一次
}
void main(void)
{
    TMOD = 0x60;               //采用定时器 T1，工作方式 2，计数器模式，自动重装初值
    TH1 = 0x9C;                //写入 100 个计数初值
    TL1 = 0x9C;
    TR1 = 1;                   //启动 T1
    ET1 = 1;                   //打开 T1 中断
    EA = 1;                    //打开总中断
    while(1)
    {
    }
}
```

【例 6.12】 (应用两个定时器)设重复周期大于 1 ms 的低频脉冲信号从 P3.5 引脚(T1)输入。要求 P3.5 每发生 1 次负跳变时，P1.0 输出 1 个 500 μs 同步负脉冲，同时 P1.1 输出 1 个 1 ms 的同步正脉冲。设 $f_{osc}=6$ MHz，其波形如图 6-12 所示。

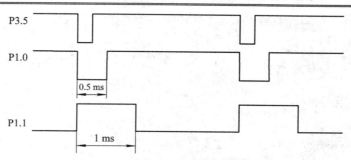

图 6-12　500 μs 同步负脉冲和 1 ms 同步正脉冲

计算计数初值：定时器 T0 定时 500 μs，使用方式 2，T1 用于计数 1 个脉冲(每一次负跳变发生一次变化)，因此同时使用两个定时计数器。

T0：$(2^8 - X) \times 2\ \mu s = 500\ \mu s$，$X = 6 = 0x06$

　　TH0 = 0x06，TL0 = 0x06

T1：$X = 2^8 - 1$，$X = 255 = 0xFF$

　　TH1 = 0xFF，　TL1 = 0xFF

T0 用于定时 C/T = 0，方式 2：M1 M0 = 10，GATE = 0

T1 用于计数 C/T = 1，方式 2：M1 M0 = 10，GATE = 0

TMOD 寄存器初始化：TMOD = 0x62

程序代码如下：

```
/*********************************
* 利用两个定时器的方式 2 的定时和计数功能 *
* 控制其他管脚产生方波信号的程序          *
*********************************/
#include <reg51.h>          //包含 C51 头文件
sbit p10 = P1^0;            //定义位变量
sbit p11 = P1^1;
unsigned char cnt;
void timer0() interrupt 1       //T1 中断函数
{
    p10 = 1;                        //500 μs 时间到
    if(++cnt==2)
    {
        cnt = 0;
        p11 = 0;                    //1000 μs 时间到
        TR0 = 0;                    //停止 T0
    }
}
void timer1() interrupt 3       //T1 中断函数
{
```

```
    p10 = 0;            //脉冲信号到
    p11 = 1;
    TR0 = 1;        // 启动 T0
}
void main(void)
{
    TMOD = 0x62;    //T0：方式 2，定时器模式；T1：方式 2，计数器模式
    TH0 = 0x06;            //写入定时 500 μs 初值
    TL0 = 0x06;
    TH1 = 0xFF;            //写入计数一个脉冲初值
    TL1 = 0xFF;
    p10 = 1;
    p11 = 0;
    ET0 = 1;
    ET1 = 1;
    EA = 1;
    TR1 = 1;                //启动 T1
    while(1)
    {
    }
}
```

6.3.4　计数器/定时器方式 3 的应用编程

在工作方式 3 下，定时器/计数器 0 被拆成两个独立的 8 位 TL0 和 TH0，其中 TL0 既可以用作计数，又可用作定时，定时器/计数器 T0 的各控制位和引脚信号全归它使用，其功能和操作方式与方式 0 和方式 1 完全相同。

定时器/计数器 T0 的高位 TH0，只能作为简单的定时器使用。由于定时器/计数器 T0 的功能控制位已被 TL0 占用，因此借用定时器/计数器 T1 的控制位 TR1 和 TF1，即计数溢出置位 TF1，而定时的启动和停止则由 TR1 的状态控制。

由于 TL0 既能作为定时器使用，又能作为计数器使用，而 TH0 只能作为定时器使用，因此在工作方式 3 下，定时器/计数器 T0 构成两个定时器或一个定时器一个计数器。

定时器/计数器 T0 工作在方式 3 时借用定时器/计数器 T1 的运行控制位 TR1 和计数溢出标志位 TF1，所以定时器/计数器 T1 不能工作于方式 3，只能工作于方式 0、方式 1 或方式 2，且在定时器/计数器 T0 已工作于方式 3 时，定时器/计数器 T1 通常用作串行口的波特率发生器，以确定串行通信速率。因为已没有计数溢出标志位 TF1 可供使用，因此只能把计数溢出直接送给串行口。

当作为波特率发生器使用时，只需设置好工作方式，便可自动运行。如要停止工作，只需送入一个把它设置为方式 3 的方式控制字就可以了。

【例 6.13】　如果某 MCS-51 应用系统的两个外中断源已被占用，设置 T1 工作在方式

2，作波特率发生器用。现要求增加一个外部中断源，并控制 P1.0 引脚输出一个 5 kHz 的方波。设系统时钟为 6 MHz。

(1) 选择工作方式。

TL0 为方式 3 计数，把 T0 引脚(P3.4)作附加的外部中断输入端，TL0 初值设为 255，当检测到 T0 引脚电平出现负跳变时，TL0 溢出，申请中断，这相当于跳沿触发的外部中断源。

TH0 为 8 位方式 3 定时，控制 P1.0 输出 5 kHz 的方波信号，如图 6-13 所示。

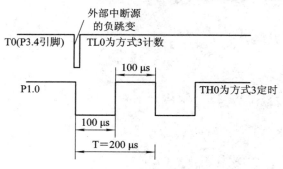

图 6-13　5 kHz 的方波信号

(2) 初值计算。

TL0 的初值设为 255。

5 kHz 的方波周期为 200 μs，TH0 的定时时间为 100 μs。TH0 初值 X 计算如下：

$$(2^8 - X) \times 2 \times 10^{-6} = 1 \times 10^{-4}$$

$$X = 2^8 - 50 = 206 = 0xCE$$

程序代码如下：

```
/********************************
*  利用定时器 T1 的方式 3         *
*  控制其他管脚产生方波信号的程序   *
********************************/
```

```
#include <reg51.h>          //包含 C51 头文件
sbit p10 = P1^0;            //定义位变量
void timer0() interrupt 1       //T0 中断服务函数
{
    TL0 = 0xFF;                    //TL0 重新装入初值
}
void th0_int() interrupt 3      //在 T0 方式 3 时，TH0 占用 T1 的中断
{
    p10 = !p10;                 //100 μs 时间到，p10 脚反转输出
    TH0 = 0xCE;                  //重新写入定时 100 μs 初值
}
```

```
void main(void)
{
    TMOD = 0x27;        //TL0 方式 3 计数，TH0 方式 2 定时
    TH0 = 0xCE;          //写入定时 100 μs 初值
    TL0 = 0xFF;          // 置 TL0 初值
    TH1 = BAUTH;         //装入波特率常数
    TL1 = BAUTL;
    p10 = 1;
    TR0 = 1;
    TR1 = 1;
    IT0 = 1;
    IT1 = 1;
    EX0 = 1;
    EX1 = 1;
    ET0 = 1;
    ET1 = 1;
    EA = 1;
    while(1)
    {
    }
}
```

6.3.5　计数器/定时器门控位 GATE 的应用编程

【例 6.14】　利用定时器的门控位 GATE 测量正脉冲宽度，脉冲从外部中断 1(P3.3)引脚输入。门控位 GATE=1，定时器/计数器 T1 受到外部中断 1 引脚 P3.3 的控制，当 GATE=1、TR1=1 时，只有 P3.3 引脚为高电平时，T1 才被允许计数(定时器/计数器 T0 具有同样特性)。利用 GATE 的这个功能，可以测量 P3.3 引脚上正脉冲的宽度(机器周期数)，其方法如图 6-14 所示。

程序代码如下：

```
/********************************
*   利用定时器 0 和 1 门控位的应用程序  *
********************************/
#include<reg51.h>
sbit p33 = P3^3;                    //定义位变量
unsigned char cnt_l;                //定义计数变量，用来读取 TL1 值
unsigned char cnt_h;                //定义计数变量，用来读取 TH1 值
void read_cnt();                    //声明读计数寄存器子函数
void main()
```

```
{
        TMOD = 0x90;                     //T1：方式 1 定时模式
        TH1 = 0;
        TL1 = 0;
        while(p33 == 1);                 //等待 P3.3 脚变低
        TR1=1;                           //如果 P3.3 脚为低，启动 T1(未真正开始计数)
        while(p33 == 0);                 //等待 P3.3 脚变高，变高后 T1 真正开始计数
        while(p33 == 1);                 //等待 P3.3 脚变低，变低后 T1 实际上停止计数
        TR1 = 0;                         //停止 T1
        read_cnt();                      //读取、处理计数寄存器
}
void read_cnt()                  //读取计数寄存器内容
{
    do{
    cnt_h = TH1;                         //读高字节
    cnt_l = TL1;                         //读低字节
    …                                    //计数值处理语句
    }while(cnt_h != TH1);
}
```

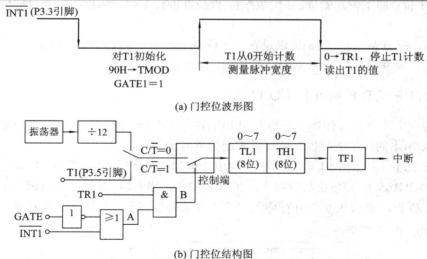

(a) 门控位波形图

(b) 门控位结构图

图 6-14　计数器/定时器门控位 GATE 图

　　在读取计数寄存器内容时要特别注意，因为单片机不能在同一时刻读取 TH1 和 TL1 的内容，因而如果只读取一次可能会出错。比如，先读 TL1，再读 TH1，可能会由于此时恰好产生 TL1 溢出向 TH1 进位的情况而出错；同样，先读 TH1 后读 TL1 也可能出现类似的错误。因此，需要采用上面程序中给出的读取顺序：先读 TH1，再读 TL1，然后再读 TH1。若两次读取的 TH1 内容一致，则读取正确，否则就需要再次重复上次读取过程直到正确读

取为止。

6.4 单片机串口的 C 语言编程

MCS-51 单片机的串行口有 4 种工作方式，分别为方式 0、方式 1、方式 2 和方式 3。其中方式 0 为同步工作方式，方式 1、方式 2 和方式 3 为异步工作方式。

(1) 方式 0：为同步移位寄存器输入/输出方式，常用于扩展 I/O 口。RXD 为数据输入或输出；TXD 为移位时钟，作为外接部件的同步信号。

方式 0 不适用于两个 MCS-51 之间的数据通信，可以通过外接移位寄存器来实现单片机的接口扩展。

在这种方式下，收/发的数据为 8 位，低位在前，无起始位、奇偶校验位及停止位，波特率是固定的。

(2) 方式 1：真正用于串行发送或接收，为 10 位通用异步接口，TXD 与 RXD 分别用于发送与接收数据。

收发一帧数据的格式为 1 位起始位、8 位数据位(低位在前)、1 位停止位，共 10 位。在接收时，停止位进入 SCON 的 RB8。此方式的传送波特率可调。

(3) 方式 2 和方式 3：串行口工作在方式 2 和方式 3，均为每帧 11 位异步通信格式，由 TXD 和 RXD 发送与接收(两种方式操作是完全一样的，不同的只是特波率)。

每帧 11 位：即 1 位起始位、8 位数据位(低位在前)、1 位可编程的第 9 数据位和 1 位停止位。

发送时，第 9 数据位(TB8)可以设置为 1 或 0，也可将奇偶位装入 TB8。

接收时，第 9 数据位进入 SCON 的 RB8。

6.4.1 串口方式 0 扩展并行 I/O 口

串行口在方式 0 时，外接一个串入/并出的移位寄存器，就可以扩展为并行输出口；外接一个并入/串出的移位寄存器，就可以扩展为并行输入口。

【例 6.15】用 MCS-51 串行口外接 74HC164 串入/并出移位寄存器扩展 8 位并行输出口，外接 74HC165 并入/串出移位寄存器扩展 8 位并行输入口。8 位并行输出口的每位都接一个发光二极管，要求从 8 位并行输入口读入开关的状态值，使闭合开关对应的发光二极管点亮，如图 6-15 所示。

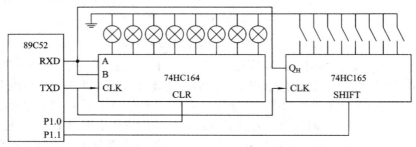

图 6-15 方式 0 扩展输入/输出电路

数据的输入/输出通过 RXD 接收和发送,移位时钟通过 TXD 送出,74HC164 用于串/并转换,74HC165 用于并/串转换。

C 语言程序如下:

```
/**********************************
*   利用串口方式 0 扩展 I/O 口          *
**********************************/
#include<reg52.h>
sbit P1_0 = P1^0;
sbit P1_1 = P1^1;
unsigned char data1;
void main()
{
        SCON = 0x10;        //串行口方式 0,允许接收
        ES = 1;
        EA = 1;             //允许串行口中断
        P1_0 = 0;           //关闭并行输出
        P1_1 = 1;           //并行置入数据
        P1_1 = 0;           //开始串行移位
        SBUF = 0;           //送入串行数据
        while(1);           //等待中断
}
void serial() interrupt 4   //中断服务程序
{
    if(TI)                  //发送中断
    {
        TI = 0;
        P1_0 = 1;           //打开并行输出
    }
    else                    //接收中断
    {
        RI = 0;
        data1 = SBUF;       //读取接收的数据
        P1_0 = 0;           //关闭并行输出
        SBUF = ~data1;      //送入串行数据
        P1_1 = 1;           //为接收下一次数据作准备
        P1_1 = 0;
    }
}
```

6.4.2   RS-232C 标准接口总线及串行通信硬件设计

前面介绍了有关串行通信的基本知识及单片机的串行口结构，下面介绍 PC 机与单片机间串行通信的硬件和软件设计。

在工业自动化控制、智能仪器仪表中，单片机的应用越来越广泛，随着应用范围的扩大以及根据解决问题的需要，对某些数据要作较复杂的处理。由于单片机的运算功能较差，对数据进行较复杂的处理时，往往需要借助计算机系统，因此单片机与 PC 机进行远程通信更具有实际意义。利用 MCS-51 单片机的串行口与 PC 机的串行口 COM1 或 COM2 进行串行通信，将单片机采集的数据传送到 PC 机中，由 PC 机的高级语言或数据库语言对数据进行整理及统计等复杂处理，或者实现 PC 机对远程前沿单片机进行控制。

在实现计算机与计算机、计算机与外设间的串行通信时，通常采用标准通信接口，这样就能很方便地把各种计算机、外部设备、测量仪器等有机地连接起来，并进行串行通信。RS-232C 是由美国电子工业协会(EIA)正式公布的，在异步串行通信中应用最广的标准总线(C 表示此标准修改了三次)，它包括了按位串行传输的电气和机械方面的规定，适用于短距离或带调制解调器的通信场合。为了提高数据传输率和通信距离，EIA 又公布了 RS-422、RS-423 和 RS-485 串行总线接口标准。

1. RS-232C 标准接口总线

EIA RS-232C 是目前最常用的串行接口标准，用于实现计算机与计算机之间、计算机与外设之间的数据通信。

该标准的目的是定义数据终端设备(DTE)之间接口的电气特性。一般的串行通信系统是指微机和调制解调器(Modem)，如图 6-16 所示。调制解调器叫作数据电路终端设备(简称DCE)。RS-232C 提供了单片机与单片机、单片机与 PC 机间串行数据通信的标准接口，通信距离可达到 15 m。

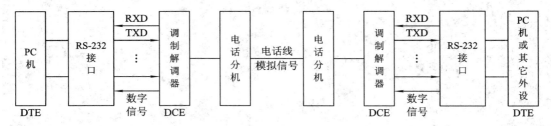

图 6-16   串行通信系统框图

RS-232C 接口的具体规定如下：

(1) 范围。

RS-232C 标准适用于 DCE 和 DTE 间的串行二进制通信，最高的数据速率为 19.2 kb/s。如果不增加其他设备的话，RS-232C 标准的电缆长度最大为 15 m。RS-232C 不适于接口两边设备间要求绝缘的情况。

(2) RS-232C 的信号特性。

为了保证二进制数据能够正确传送、设备控制的准确完成，有必要使所用的信号电平保持一致，为满足此要求，RS-232C 标准规定了数据和控制信号的电压范围。由于 RS-232C

是在 TTL 集成电路之前研制的，所以它的电平不是+5 V 和 GND，而是采用负逻辑，规定 +3 V～+15 V 之间的任意电压表示逻辑 0 电平，−3 V～−15 V 之间的任意电压表示逻辑 1 电平。

(3) RS-232C 接口信号及引脚说明。

表 6-1 给出了 RS-232C 串行标准接口信号的定义以及信号分类。串行通信信号引脚分为两类：一类为基本的数据传送信号引脚，另一类是用于 Modem 控制的信号引脚。

表 6-1 RS-232C 接口标准

9 针引脚	25 针引脚	信号名	功能说明	信号方向	
				对 DTE	对 DCE
	1	GND	保护地	×	
3	2	TXD	数据发送	出	入
2	3	RXD	数据接收	入	出
7	4	RTS	请求发送(微机发向 Modem)	出	入
8	5	CTS	允许发送(Modem 发向微机)	入	出
6	6	DSR	数据设备(DCE)准备就绪	入	出
5	7	SGND	信号地(公共回路)	×	×
1	8	DCD	接收线路信号检测	入	出
4	20	DTR	数据终端(DTE)准备就绪	出	入
9	22	RI	振铃指示		

① 基本数据传送信号引脚。

基本的数据传送信号引脚有 TXD、RXD、GND 三个。

· TXD 为数据发送信号引脚。数据由该脚发出，送入通信线。在不传送数据时，异步串行通信接口维持该脚为逻辑 1。

· RXD 为数据接收信号引脚。来自通信线的数据从该引脚进入。在无接收信号时，异步串行通信接口维持该脚为逻辑 1。

· GND 为地信号引脚。GND 是其他引脚信号的参考电位信号。

在零调制解调器连接中，最简单的形式就是只使用上述三个引脚，如图 6-17 所示。其中，收发端的 TXD 与 RXD 交错相连，GND 与 GND 相连。

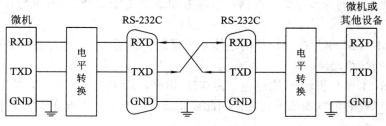

图 6-17 零调制解调器连接图

② Modem 控制(握手)信号引脚。

• 从计算机到 Modem 的信号引脚包括 DTR 和 RTS。

DTR 信号引脚用于通知 Modem 计算机已经准备好。

RTS 信号引脚用于通知 Modem 计算机请求发送数据。

• 从 Modem 到计算机的信号引脚包括 DSR、CTS、DCD 和 RI 等 4 个。

DSR 信号引脚用于通知计算机 Modem 已经准备好。

CTS 信号引脚用于通知计算机 Modem 可以接收传送数据。

DCD 信号引脚用于通知计算机 Modem 已与电话线路连接好。

RI 信号引脚为振铃指示,用于通知计算机有来自电话网的信号。

近年来的 RS-232C 接口都是采用 9 针的连接器(25 针中有很多引脚是无意义的),如图 6-18 所示。

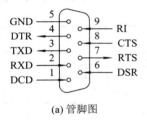

(a) 管脚图 (b) 实物图

图 6-18　RS-232C 接口 DB9 接头(母头)示意图

2. 信号电气特性与电平转换

(1) 电气特性。

① 为了增加信号在线路上的传输距离和提高抗干扰能力,RS-232C 提高了信号的传输电平,该接口采用双极性信号、公共地线和负逻辑。

② 使用 RS-232C,数据通信的波特率允许范围为 0 b/s～20 kb/s。在使用 19200 b/s 进行通信时,最大传送距离在 20 m 之内。降低波特率可以增加传输距离。

(2) 电平转换。

RS-232C 规定的逻辑电平与一般微处理器、单片机的逻辑电平是不一致的,因此在实际应用中必须把微处理器的信号电平(TTL 电平)转换为 RS-232C 电平,或者对两者进行逆转换。这两种转换是通过专用的电平转换芯片实现的。

MAX232、MAX202 和早期的 MC1488、75188 等芯片可实现 TTL→RS-232C 的电平转换;MC1489、75189 等芯片可实现 RS-232C→TTL 的电平转换。

3. 单片机与 PC 机通信的接口电路

利用 PC 机配置的异步通信适配器可以很方便地完成 IBM-PC 系列机与 MCS-51 单片机的数据通信。

PC 机与 MCS-51 单片机最简单的连接是零调制三线经济型,这是进行全双工通信所必须的最少数目的线路。

由于 MCS-51 单片机输入/输出电平为 TTL 电平,而 IBM-PC 机配置的是 RS-232C 标准串行接口,二者的电气规范不一致,因此要完成 PC 机与单片机的数据通信,必须进行电平转换。

4. MAX232 芯片简介

　　MAX232 芯片是 MAXIM 公司生产的、包含两路接收器和驱动器的 IC 芯片,适用于各种 EIA 232C 和 V-28/V-24 的通信接口。MAX232 芯片内部有一个电源电压变换器,可以把输入的+5 V 电源电压变换成为 RS-232C 输出电平所需的+10 V 电压,所以采用此芯片接口的串行通信系统只需单一的+5 V 电源就可以了。对于没有+12 V 电源的场合,其适应性更强,加之其价格适中,硬件接口简单,所以被广泛采用。

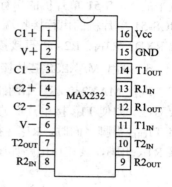

图 6-19　MAX232 芯片引脚图

　　MAX232 芯片的引脚结构如图 6-19 所示,MAX232 芯片的典型工作电路如图 6-20 所示。

　　图 6-20 中上半部分电容 C1、C2、C3、C4 及 V+、V- 是电源变换电路部分。

　　在实际应用中,器件对电源噪声很敏感,因此 V_{CC} 必须要对地加去耦电容 C5,其值为 0.1 μF。电容 C1、C2、C3、C4 取同样数值的钽电解电容 1.0 μF/16 V,用以提高抗干扰能力,在连接时必须尽量靠近器件。

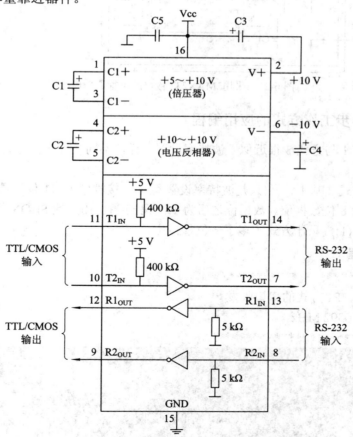

图 6-20　MAX232 芯片的典型工作电路图

图 6-20 中下半部分为发送和接收部分。实际应用中，$T1_{IN}$、$T2_{IN}$ 可直接接 TTL / CMOS 电平的 MCS-51 单片机的串行发送端 TXD；$R1_{OUT}$、$R2_{OUT}$ 可直接接 TTL / CMOS 电平的 MCS-51 单片机的串行接收端 RXD；$T1_{OUT}$、$T2_{OUT}$ 可直接接 PC 机的 RS-232 串口的接收端 RXD；$R1_{IN}$、$R2_{IN}$ 可直接接 PC 机的 RS-232 串口的发送端 TXD。

5. 采用 MAX232 芯片接口的 PC 机与 MCS-5I 单片机串行通信的接口电路

现从 MAX232 芯片中两路发送接收中任选一路作为接口，要注意其发送、接收的引脚要对应。如使 $T1_{IN}$ 接单片机的发送端 TXD，则 PC 机的 RS-232 的接收端 RXD 一定要对应接 $T1_{OUT}$ 引脚。同时，$R1_{OUT}$ 接单片机的 RXD 引脚，PC 机的 RS-232 的发送端 TXD 对应接 $R1_{IN}$ 引脚，其接口电路如图 6-21 所示。

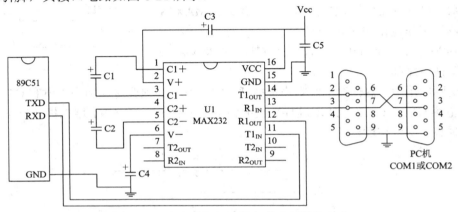

图 6-21 采用 MAX232 接口的串行通信电路

6.4.3 串口异步工作方式的应用编程

串行口方式 1 与方式 3 很近似，波特率设置一样，不同之处在于方式 3 比方式 1 多了一个数据附加位。

方式 2 与方式 3 基本一样(只是波特率设置不同)，接收/发送 11 位信息：开始为 1 位起始位(0)，中间为 8 位数据位。数据位之后为 1 位程控位(由用户置 SCON 的 TB8 决定)，最后是 1 位停止位(1)，只比方式 1 多了一位程控位。

1. 应用编程 1

```
/***************************
*   查询 TI、RI 方式的串口收发  *
*   fosc=11.0592 MHz          *
***************************/
```

```
#include<reg51.h>
void UartInit(void)
{
    SCON = 0x50;        //方式 1，准许接收
    TMOD = 0x20;        //T1 方式 2 定时
    TH1 = 0xfd;         //设置为波特率 9600 的定时器初值
```

```
        TL1 = 0xfd;
        TR1 = 1;                    //启动 T1
    }
```

```
/******************
 *   发送数据子函数   *
 ******************/
void send(unsigned char send_data)
{
    SBUF = send_data;
    while(!TI);         //等待数据发送出去
    TI = 0;             //数据发送出去后，软件清零 TI 标志位
}
```

```
/*********************
 * 接收数据函数   *
 *********************/
unsigned char rev(void)
{
    ddd = SBUF;
    while(!RI);
    RI = 0;             //数据接收后，软件清零 RI 标志位
    return SBUF;        //将接收到的数据返回
}
```

```
/*********************
 * 主函数                    *
 *********************/
void main(void)
{
    unsigned char temp;        // 设置变量
    UartInit();
    while(1)
    {                          //最简单的用查询的方式发送和接收数据
        temp = rev();          //串口调试助手发送一个数据至单片机
        P0 = temp;
        send(temp);            //返回数据给串口调试助手
    }
}
```

启动 STC-ISP 在线下载界面，设置串口为波特率 9600 b/s、无校验位、数据位为 8 位和停止位为 1 位的工作方式。串口选择"COM9"(USB 口虚拟的)，在"单字符串发送区"选择字符格式发送，设置工作界面如图 6-22 所示。

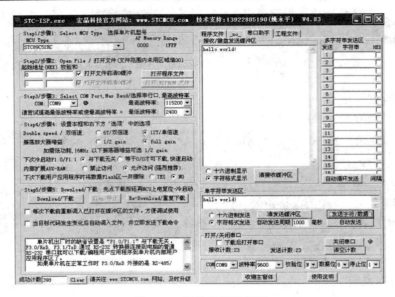

图 6-22 通信设置效果图

2. 应用编程 2

```
/***************************************************************
* 通信协议：第 1 字节，MSB 为 1，作为第 1 字节标志，第 2 字节，MSB 为 0，作为 *
* 非第一字节标志，其余类推，最后一个字节为前几个字节后 7 位的异或校验和。      *
* 测试方法：可以将串口调试助手的发送框写上 95 10 20 25，并选择 16 进制发送，*
* 接收框选择 16 进制显示，如果每发送一次就接收到 95 10 20 25，说明测试成功。 *
* 这是一个 MCS-51 单片机串口接收(中断)和发送例程，可以用来测试 MCS-51 单片 *
* 机的中断接收和查询发送。                                          *
***************************************************************/
#include <reg51.h>
#define INBUF_LEN 4 //接收的数据长度
unsigned char inbuf1[INBUF_LEN];
unsigned char checksum,count3;
bit read_flag= 0,start_rxd=0 ;
void init_mcu( void )
{
    SCON = 0x50 ;    //SCON: serail mode 1, 8bit UART, enable ucvr
    TMOD |= 0x20 ; //TMOD: timer 1, mode 2, 8bit reload
    PCON |= 0x00 ; //SMOD=0
    TH1 = 0xFD ;    //baud: 9600，fosc=11.0592 MHz
    EA=1;
    ES=1;              //enable Serial Interrupt
    TR1 = 1;          // timer 1 run
```

```
    TI=1;
}
/***********************************
*    向串口发送一个字符                *
***********************************/
void send_char( unsigned char ch)
{
    SBUF = ch;
    while (!TI);           //等待发送结束
    TI= 0 ;
}
/***********************************************
*    向串口发送一个字符串，strlen 为该字符串长度  *
***********************************************/
void send_string( unsigned char *str, unsigned int strlen)
{
 unsigned int k= 0 ;
    do
      {
          send_char(*(str + k)); k++;
      }while(k<strlen);
}
/***********************************
*    串口接收中断函数                    *
***********************************/
void serial() interrupt 4
  {
    if (RI)
    {
    unsigned char ch;
    RI = 0 ;
    ch = SBUF;
        if (ch > 127 )        //大于 0x7F = 127 表示为第 1 个字节
        {
            count3= 0 ;    //从数组的第 0 位开始存储
             inbuf1[count3] = ch;
            checksum = ch - 128 ;
            start_rxd = 1;
        }
```

```
        else if(start_rxd)        //如果第 1 个字节不大于 127 则不接收数据
        {
            count3++;
            inbuf1[count3] = ch;
            checksum ^= ch;
            if ( ( count3==(INBUF_LEN−1 )) && (!checksum) )
            {
            read_flag = 1 ; //如果串口接收的数据达到 INBUF_LEN 个,且校验没错,
就置位取数标志
            }
            start_rxd = 0;
        }
        }
    }
    void main(void)
    {
        init_mcu();            //调用初始化串口子函数
        while ( 1 )
        {
            if (read_flag)        //如果取数标志已置位，就将读到的数从串口发出
            {
                read_flag = 0 ; //取数标志清零
                send_string(inbuf1,INBUF_LEN);
            }
        }
    }
```

3. 应用编程 3

【例 6.16】 将片内 RAM 40H～4FH 中的数据串行发送，用第 9 个数据位作奇偶校验位。设晶振为 11.059 2 MHz，波特率为 9600 b/s，编制串行口方式 3 的发送程序。

用 TB8 作偶校验位，在数据写入发送缓冲器之前，先将数据的奇偶位 P 写入 TB8，这时，第 9 位数据作奇偶校验使用，发送采用中断方式。

```
/*********************************
*   利用校验位的串口发送主程序          *
*********************************/
#include<reg51.h>
unsigned char i = 0;
unsigned char table[16] _at_ 0x40;//发送缓冲区地址
void main()
```

```
{
    SCON = 0xC0;              //串行口初始化
    TMOD = 0x20;             //定时器初始化
    TH1 = 0xFD;             //波特率发生器初值
    TL1 = 0xFD;
    TR1 = 1;               //启动 T1
    ES = 1;               //打开串口中断
    EA = 1;               //打开全局中断
    ACC = table[i];          //发送第一个数据位
    TB8 = P;              //累加器,目的取 P 位
    SBUF = ACC;           //发送一个数据
    while(1);             //等待中断
}
/*******************************
*   串行口中断服务程序             *
*******************************/

void serial_server() interrupt 4
{
    TI=0;                //清发送中断标志
    ACC = array[++i];       //取下一个数据
    TB8 = P;
    SBUF = ACC;
    if(i==16)             //发送完毕
        ES = 0;            //禁止串口中断
}
```

4. 应用编程 4

【例 6.17】 编写一个接收程序，将接收的 16 字节数据送入片内 RAM 40H～4FH 单元中。设第 9 个数据位作奇偶校验位，晶振为 11.0592 MHz，波特率为 9600 b/s。
RB8 作奇偶校验位，接收时，取出该位进行核对，接收采用查询方式。
/*******************************
*   利用校验位的串口接受主程序   *
*******************************/
```
#include<reg52.h>
unsigned char i;
unsigned char array[16] _at_ 0x40;        //接收缓冲区
void main()
{
```

```
        SCON = 0xD0;                    //串行口初始化，允许接收
        TMOD = 0x20;
        TH1 = 0xFD;
        TL1 = 0xFD;
        TR1 = 1;
        for(i=0;i<16;i++)               //循环接收 16 个数据
        {   while(!RI);                 //等待一次接收完成
            RI = 0;
            ACC = SBUF;
            if(RB8 == P)                //校验正确
                array[i] = ACC;
            else                        //校验不正确
            {   F0 = 1;
                break;
            }
        }
        while(1);
}
```

【例 6.18】 用第 9 个数据位作奇偶校验位，编制串行口方式 3 的全双工通信程序。设双机将各自键盘的按键键值发送给对方，接收正确后放入缓冲区(可用于显示或其他处理)，晶振为 11.0592 MHz，波特率为 9600 b/s。

因为是全双工方式，通信双方的程序一样，发送和接收都采用中断方式。

```
/*********************************
*    全双工通信主程序                      *
*********************************/
#include<reg51.h>
char k;
unsigned char buffer;
void main()
{
    SCON = 0xD0;                //串行口初始化，允许接收
    TMOD = 0x20;               //定时器初始化
    TH1 = 0xFD;
    TL1 = 0xFD;
    TR1 = 1;
    ES = 1;                //开串行口中断
    EA = 1;                //开总中断
    while(1)
    {
```

```
        k = key();                  //读取按键按下键值
        if(k!=-1)                   //无键按下返回-1
        {
            ACC = k;                //将键值送累加器
            TB8 = P;                //取 P 位送 TB8
            SBUF = ACC;             //发送
        }
        display();                  //显示程序
    }
}
/*************************************
*   全双工通信串口中断服务子程序
*************************************/

void serial_server() interrupt 4
{
    if(TI)                          //发送引起，清 TI
        TI = 0;
    else                            //否则，接收引起
        {   RI = 0;
            ACC = SBUF;             //读取接收数据
            if(RB8 == P)            //校验正确
            buffer = ACC;           //存入缓冲区
        }
}
```

5. 应用编程 5：点对点双机通信

要实现甲、乙两台单片机点对点的双机通信，只需将甲机的 TXD 与乙机的 RXD 相连，甲机的 RXD 与乙机的 TXD 相连，地线与地线相连，如图 6-23 所示。

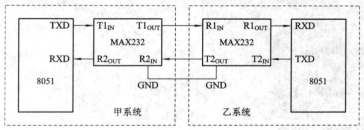

图 6-23　点对点双机通信连接图

【例 6.19】　甲、乙两机以方式 1 进行串口通信，其中甲机发送信息，乙机接收信息，双方晶振频率均为 11.0592 MHz，通信波特率为 9600 b/s。

为保持通信的准确与畅通，双方之间遵循一些约定。通信开始，甲机首先发送信号 AA，

乙机接收到后应答 BB，表示同意接收；甲收到 BB 后，即可发送数据。设发送数据块长度为 10 字节，数据缓冲区为 buf，数据发送完毕要立即发送校验和，进行数据发送的准确性验证。

　　乙接收到的数据存储到数据缓冲区 buf，收齐一个数据块后，再接收甲发来的校验和，并将其与乙求得的校验和比较：若相等，说明接收正确，乙回答 0x00；若不等，说明接收不正确，乙回答 0xFF，请求重新发送。

　　设计程序时，选择定时器 1 在方式 2 下工作，波特率不倍增，即 SMOD = 0，计数初值为

$$方式1的波特率 = \left(\frac{2^{SMOD}}{32}\right) \times (定时器T1的溢出率)$$

$$9600 = \frac{f_{osc}}{12 \times (256 - TH1)} \times \frac{2^{SMOD}}{32}$$

所以

$$TH1 = 0xFD$$

　　以下为两机通信程序。程序可以在甲、乙两机中运行，不同的是在程序运行之前，要人为地选择 TR：若选择 TR = 0，表示该机为发送方；利用发送函数 send(uchar idata*d) 和接收函数 receive(unsigned char　idata　*d) 分别实现发送和接收功能。

　　程序代码如下：

```
/**********************************
*   双机通信主程序                *
**********************************/
#include<reg51.h>
#define uchar unsigned char
#define TR 1                     // TR=1，发送
uchar pf;
void main()
{
    init ();                     //串行口初始化子函数
    if(TR == 0)
        { send(buf);}            //发送
    else
        {receive(buf);}          //接收
}
/********************
*  串口初始化子函数  *
********************/
void init {void}
{
```

```
    TMOD = 0x20;           // T1 工作于方式 2
    TH1 = 0xFD;            // 9600 b/s 的定时器初值
    TL1 = 0xFD;            // 9600 b/s 的定时器初值
    TR1 = 1;
    SCON = 0x50;          // 串行口工作于方式 1，REN=1
}
```

```
/*************************
*   发送子函数              *
*************************/
void send(uchar idata*d)
{   unsigned char i;
    do
    {
      SBUF = 0xAA;              //发送联络信号
      while(TI == 0);          //等待一帧发送完毕
      TI = 0;                  //发送完毕，标志位清零
      while(RI == 0);          // 等待乙机应答信号
      RI = 0;
    }  while ( SBUF^0xBB != 0);    //乙机未准备好，继续联络
    do
    {
      pf = 0;                  //校验和变量清零
      for (i=0;i<10;i++)
      {
        SBUF = d[i];           //发送一个数据
        pf += d[i];            //计算校验和
        while(!TI);
        TI = 0;
      }
      SBUF = pf;                 //发送校验和
      while (TI == 0);
      TI = 0;
      while (RI == 0);         //等待乙机应答
      RI = 0;
    } while (SBUF != 0);          //回答出错，则重新发送
}
```

```
/*************************
*  接收子函数              *
*************************/
```

```c
void receice(uchat    idata*d)
{uchar i;
    do
    {
        while(RI == 0);    RI = 0;
    }while(SBUF^0xAA) != 0);            //判断甲机是否请求
    SBUF = 0xBB;                        //发应答信号
    while (TI == 0);    TI = 0;
    while(1)
    {
        pf = 0;                        //清校验和
        for(i=0;i<10;i++){             //接收数据
        d[i] = SBUF;
        pf+=d[i];}                     //计算校验和
        while(RI == 0);    RI = 0;     //接收甲机校验和
        if((SBUF^pf) == 0)             //比较校验和
        {
            SBUF = 0x00;break;         //校验和相等，发 0x00
        }
        else
        {
            SBUF = 0xFF;                    //校验和不相等，发 0xFF
            while(TI == 0);    TI = 0;
        }
    }
}
```

6. 应用编程 6：单片机和超级终端的通信

```
/********************************************************************
* 文件名        ：MCS-51 单片机与 PC 机的超级终端交互通信          *
* 文件描述      ：单片机接收用户命令，并执行用户想要的程序         *
* 波特率设置    ：fosc = 11.0592, BAUD = 9600,N,8,1               *
********************************************************************/
#include<reg51.h>
#include "common.h"
//全局变量
    unsigned char FLAG;              //按键标志
    unsigned char PC_COMMAND;        //PC 发出的当前命令
    unsigned char RX_BUFFER[16];     //存放接收数据的数组
```

```
    unsigned char RX_index;          //存放接收数据的个数
/**********************************
 *  延时子函数            *
 **********************************/
void delay(uint t)
{
    uint i,j;
    for(i=0;i<t;i++)
        for(j=0;j<30;j++);
}
/**********************************
 *  采用查询方式的发送子程序           *
 **********************************/
void put_c(unsigned char c)
{
    TI = 0;          //保证发送寄存器为空
    SBUF = c;
    delay(1);
    while(!TI);TI = 0;
}
/**********************************
 *  接收数据子程序         *
 **********************************/
void put_s(unsigned char *ptr)
{
    while(*ptr)
    {
        put_c(*ptr++);
    }
    put_c(0x0D);
    put_c(0x0A);       //结尾发送回车换行
}
/**********************************
 *  单片机串口中断服务子程序           *
 **********************************/
void uart0_rx_isr(void) interrupt 4
{
  if(RI)
  {
```

```
    RI = 0;
    PC_COMMAND = SBUF;
    FLAG = 1;
    RX_BUFFER[RX_index] = PC_COMMAND;      //保存数据到数组里面
    RX_index++;
    if (RX_index>=16) RX_index = 0;            //防止数组溢出
    }
}
```

```
/***********************************
*    单片机串口初始化子程序              *
*    USART 9600 8, n,1                 *
*    PC 上位机软件(超级终端等)也要       *
*    设成同样的参数值才能通信            *
***********************************/
```

```
void init_USART(void)
{
    SCON = 0x50;
    TMOD = 0x20;
    TH1 = 0xFD;
    TL1 = 0xFD;
    ES = 1;
    EA = 1;
    TR1 = 1;
}
```

```
/***********************************
*    多字节命令处理子程序          *
***********************************/
```

```
void pro_coammand(void)
{
    unsigned char i;
    FLAG = 0;
    switch(PC_COMMAND)
        {
            case '1': //0x30 ASCII '0'
                    P0^=(1<<0);       //LED1 取反
                    put_s("用户输入 1#指令  ");
                    break;
            case '2':
                    P0^=(1<<1);       //LED2 取反
```

```
                    put_s("用户输入 2#指令");
                    break;
        case '3': //0x30 ASCII '0'
                    P0^=(1<<2);        //LED3 取反
                    put_s("用户输入 3#指令");
                    break;
        case '4': //0x30 ASCII '0'
                    P0^=(1<<3);      //LED4 取反
                    put_s("用户输入 4#指令");
                    break;
        case '5': //0x30 ASCII '0'
                    P0^=(1<<4);        //LED5 取反
                    put_s("用户输入 5#指令");
                    break;
        case '6': //0x30 ASCII '0'
                    P0^=(1<<5);    //LED6 取反
                    put_s("用户输入 6#指令");
                    break;
        case '7': //0x30 ASCII '0'
                    P0^=(1<<6);      //LED7 取反
                    put_s("用户输入 7#指令");
                    break;
        case '8': //0x30 ASCII '0'
                    P0^=(1<<7);      //LED8 取反
                    put_s("用户输入 8#指令");
                    break;
        default:
                    put_s("你输入了");
                    put_c(PC_COMMAND);
                    put_s("键");
                    break;
    }
if (RX_index>=10)
{
    put_c(0x0D);
    put_c(0x0A);      //发送回车换行
    put_s("Hello！你之前输入的命令列表是:");
    for (i=0;i<RX_index;i++) put_c(RX_BUFFER[i]);
    put_c(0x0D);
```

```
        put_c(0x0A);      //发送回车换行
        RX_index = 0;     //清零
    }
}
```

/***********************************
*   主菜单列表子程序   *
***********************************/

```
void menulist(void)
{
    put_c(0x0D);
put_c(0x0A);
    put_s("  ***************************************************************");
    put_s("  *              你好!欢迎来到信息工程学院                      *");
    put_s("  *                    嵌入式学习世界                           *");
    put_s("  *            这是一个简单的串口实验程序                       *");
    put_s("  *          你可以在电脑上的超级终端按下 1～8 号键             *");
    put_s("  *          用 8 个二极管来模拟用户板上的按键操作             *");
    put_s("  ***************************************************************");
    put_c(0x0D);put_c(0x0A);
}
```

/***********************************
*   单片机串口通信主程序   *
***********************************/

```
void main(void)
{
    FLAG = 0;
    init_USART();
    menulist();
    while (1)
    {
        while(FLAG==1)
        pro_coammand();
    }
}
```

/***********************************
*   主程序中包含的头文件代码   *
***********************************/

头文件 common.h 的代码如下:
#ifndef __COMMON_H__

```
#define __COMMON_H__
#define uchar      unsigned char
#define uint       unsigned int
#endif
```

本 章 小 结

本章详细介绍了单片机内部资源的 C51 语言程序设计，主要包括单片机的 I/O 口、中断系统、内部定时器/计数器的编程及串口和超级终端的编程应用。每一部分在讲解过程中都提供了大量的例子，这些例子对加深 C51 语言的理解具有十分重要的作用。

I/O 口、中断系统、内部定时器/计数器的编程及串口构成了 MCS-51 单片机的主要内部资源，这些资源的使用非常重要，可以这样认为，掌握了这些内部资源的 C51 语言编程应用，就基本掌握了 MCS-51 单片机的 C51 语言程序设计。

习　　题

1. 电路如习题图 1 所示，试用 AT89S51 单片机编写一个二极管闪烁驱动程序，晶振振荡频率为 12 MHz，要求在 P1.0 端口上接一个发光二极管 L1，使 L1 不停地一亮一灭，一亮一灭的时间间隔为 0.2 s。

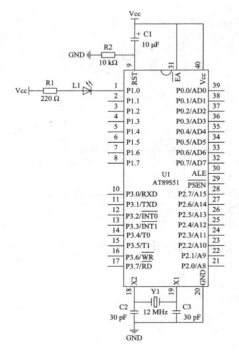

习题图 1

2. 电路如习题图 2 所示，试用 AT89S51 单片机编写开关监视程序，晶振振荡频率为 12 MHz，监视开关 S1(接在 P3.0 端口上)，用发光二极管 L1(接在单片机 P1.0 端口上)显示开关状态，如果开关合上，L1 亮；开关打开，L1 熄灭。

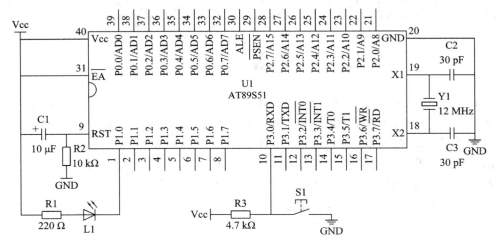

习题图 2

3. 电路如习题图 3 所示，试用 AT89S51 单片机编写四路开关状态监视程序，将开关的状态反映到发光二极管上(开关闭合，对应的灯亮；开关断开，对应的灯灭)。晶振振荡频率为 12 MHz，要求四个发光二极管 L1～L4 接在端口 P1.0～P1.3 上，四个开关 S1～S4 接在端口 P1.4～P1.7 上。

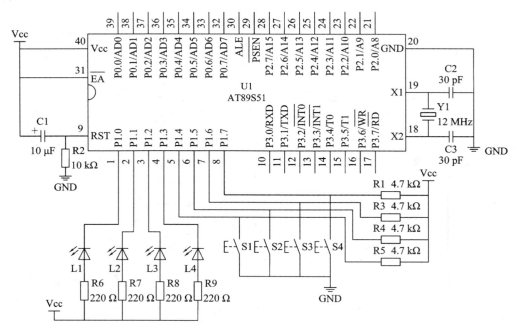

习题图 3

4. 电路如习题图 4 所示，试利用 AT89S51 单片机的 P0 端口驱动一个共阴数码管，并在数码管上循环显示 0～9 数字，时间间隔为 0.2 s。

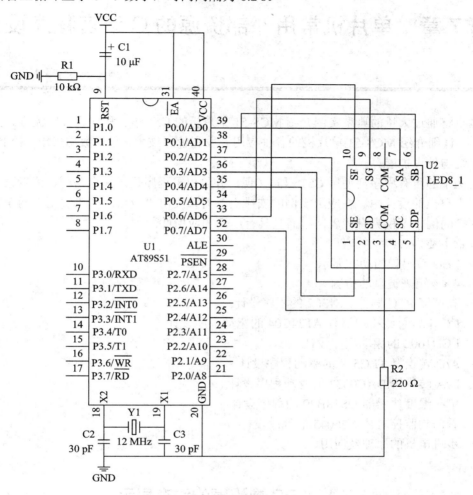

习题图 4

5. 试利用定时器/计数器 T1 产生定时时钟，由 P1 口控制 8 个发光二极管，使 8 个指示灯依次一个一个闪动，闪动频率为 10 次/s(8 个灯依次亮一遍为一个周期)。

第 7 章 单片机常用外部资源的 C 语言程序设计

本章将通过大量的典型实例介绍 MCS-51 单片机的 C51 语言程序设计的流程、方法和技巧，并详细介绍 MCS-51 单片机的各种应用开发和使用技术，包括数据采集、控制系统、存储系统与外设扩展。

实例中的所有程序都使用 C51 语言实现，并给出了程序代码和电路图，读者稍加修改即可用于自己的设计中。在应用实例的安排上，着重突出"应用"和"实用"两个基本原则，安排的例子不仅具有代表性，而且具有广泛的应用性。

本章主要内容：

- LED 数码管的动态显示
- 4×4 矩阵键盘的检测
- 高精度 RTC 器件 DS1302 的程序设计
- I^2C 串行总线接口器件 AT24C04 的驱动程序设计
- LCD1602 的驱动程序设计
- A/D 转换器 TLC549 的驱动程序设计
- D/A 转换器 DAC0832 的驱动程序设计
- 单线温度传感器 DS18B20 的程序设计
- 看门狗监控芯片 X25045 的程序设计
- 步进电机的原理及应用

7.1 LED 数码管的动态显示

单片机系统中常用的显示器有发光二极管显示器(Light Emitting Diode，LED)、液晶显示器(Liquid Crystal Display，LCD)、CRT 显示器等。LED 和 LCD 显示器有两种显示结构：段显示(7 段、米字型等)和点阵显示，如图 7-1 所示。

图 7-1 LED 和 LCD 显示器的显示结构

7.1.1　LED 数码管的结构与原理

1. LED 结构种类

(1) LED 发光器件有两类：数码管和点阵。其中七段 LED 数码管是最常用的一种。

(2) 七段数码管内部由七个条形发光二极管和一个小圆点发光二极管组成，根据各管的亮、暗组合成字符。常见数码管有 10 根管脚，管脚排列如图 7-2 所示，其中 COM 为公共端，根据内部发光二极管的接线形式可分为共阴极和共阳极两种。

(3) 使用时，共阴极数码管公共端接地，共阳极数码管公共端接电源。每段发光二极管需 5～10 mA 的驱动电流才能正常发光，一般需加限流电阻来控制电流的大小。

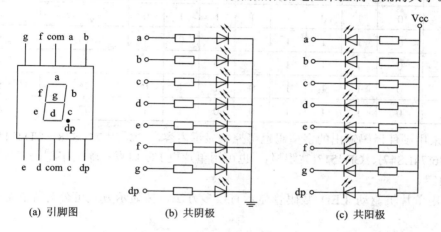

(a) 引脚图　　　　(b) 共阴极　　　　(c) 共阳极

图 7-2　LED 结构及管脚排列

2. 显示原理

(1) LED 数码管中的 a～g 七个发光二极管，加正电压的发光，加零电压的不能发光，不同亮暗的组合就能形成不同的字型，这种组合称为字型码。共阳极和共阴极的字型码是不同的，如表 7-1 所示。

表 7-1　LED 字型显示代码表

显示	段　符　号								十六进制代码	
	dp	g	f	e	d	c	b	a	共阴极	共阳极
0	0	0	1	1	1	1	1	1	3F	C0
1	0	0	0	0	0	1	1	0	06	F9
2	0	1	0	1	1	0	1	1	5B	A4
3	0	1	0	0	1	1	1	1	4F	B0
4	0	1	1	0	0	1	1	0	66	99
5	0	1	1	0	1	1	0	1	6D	92
6	0	1	1	1	1	1	0	1	7D	82
7	0	0	0	0	0	1	1	1	07	F8

显示	段　符　号								十六进制代码	
	dp	g	f	e	d	c	b	a	共阴极	共阳极
8	0	1	1	1	1	1	1	1	7F	80
9	0	1	1	0	1	1	1	1	6F	90
A	0	1	1	1	0	1	1	1	77	88
b	0	1	1	1	1	1	0	0	7C	83
C	0	0	1	1	1	0	0	1	39	C6
d	0	1	0	1	1	1	1	0	5E	A1
E	0	1	1	1	1	0	0	1	79	86
F	0	1	1	1	0	0	0	1	71	8E
H	0	1	1	1	0	1	1	0	76	89
P	0	1	1	1	0	0	1	1	73	8C

(2) 采用硬件译码输出的字型码也可控制显示内容，如采用 74LS48、CD4511(共阴极)或 74LS46(74LS47)、CD4513(共阳极)，也可用单片机 I/O 口直接输出字型码来控制数码管的显示内容。

(3) 用单片机驱动 LED 数码管显示有很多方法，按显示方式可分为静态显示和动态显示。

3. 动态显示的特点

(1) 动态扫描方法是用其接口电路将所有数码管的 8 个笔划段 a～g 和 dp 同名端连在一起，而每一个数码管的公共端各自独立地受 I/O 线控制。CPU 向字段输出口送出字形码时，所有数码管接收到相同的字形码，但究竟是哪个数码管亮，则取决于 COM 端。COM 端与单片机的 I/O 口相连接，由单片机输出位码到 I/O 口来决定哪一位数码管何时亮。

(2) 用分时的方法动态扫描轮流控制各个数码管的 COM 端，使各个数码管轮流点亮。在轮流点亮数码管的扫描过程中，每位数码管的点亮时间极为短暂，但由于人的视觉暂留现象及发光二极管的余辉，只要扫描的速度足够快，给人的印象就是一组稳定的显示数据，不会有闪烁感。

(3) 当显示位数较多时，采用动态扫描显示方式比较节省 I/O 口，硬件电路也比静态电路显示简单，但是动态扫描方式显示的稳定度不如静态的显示方式，而且在显示位数较多时会占用 CPU 较多的时间。

7.1.2　硬件原理图

如图 7-3 所示，每个共阳极数码管的公共端分别由 P2.0～P2.5 通过一个非门控制，因为单片机的管脚在复位后是高电平，所以如果不加非门的话，就会出现电路复位后数码管闪烁一次的现象。

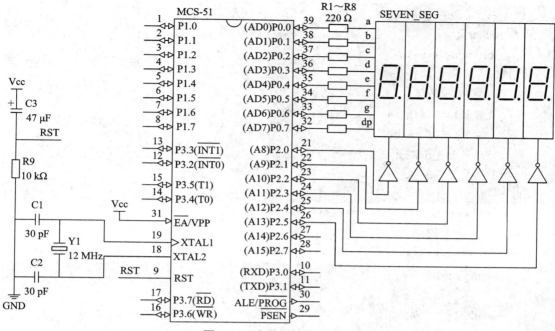

图 7-3 6 个数码管的连接图

7.1.3 程序设计

程序代码如下：

```
#include<reg51.h>          //引入头文件
#define   uchar unsigned char   //宏定义
code  uchar  tab[]={0xc0,0xf9,0xa4,0xb0,0x99,0x92,0x82,0xf8,0x80,0x90};   //定义字形编
码数组
code uchar seven_bit[] = {0xfe,0xfd,0xfb,0xf7,0xef,0xdf};
/*********************************
*   延时 x 毫秒函数                    *
*********************************/
void delay_ms(unsigned int x)
{
    unsigned int i,j;
    for(i=x;i>0;i--)
        for(j=114;j>0;j--);
}
/*********************************
*   数码管显示函数                   *
*********************************/
void display(void)
```

```
{
    uchar i;
    for(i=0;i<6;i++)
    {
        P0 = 0xff;
        P0 = tab[i];
        P2 = seven_bit[i];
        delay_ms(3);
    }
}
/*********************************
*           主程序              *
*********************************/
void main(void)
{
    while(1)        //主循环
    {
        display();
    }
}
```

上面的程序运行后从左到右在 6 个数码管上依次显示 0、1、2、3、4、5 这六个数字。显示的时候是单个显示的，两个显示之间的间隔时间为 3 ms，由于我们眼睛的视觉停留，我们看到的好像是同时点亮 6 个数码管的现象。更改 delay_ms() 函数中的参数，将 delay_ms(3) 函数中的参数 3 改为 1000，也就是说间隔时间约为 1000 ms，我们就可以清楚地看到数码管单个依次显示的效果。

该程序让数码管显示 0、1、2、3、4、5 的过程如下：

(1) 第 1 位上显示 0。

(2) 延迟一段时间。

(3) 第 2 位上显示 1。

(4) 延迟一段时间。

(5) 第 3 位上显示 2。

(6) 延迟一段时间。

(7) 第 4 位上显示 3。

(8) 延迟一段时间。

(9) 第 5 位上显示 4。

(10) 延迟一段时间。

(11) 第 6 位上显示 5。

(12) 延迟一段时间。

上述步骤循环运行，利用发光管的余辉和人眼视觉暂留作用，使人感觉好像各位数码管都在同一时刻显示。

7.2　4×4 矩阵键盘的检测

7.2.1　矩阵键盘简介及其工作原理

前面我们已经介绍了独立按键的应用，独立按键编程简单，但占用 I/O 口资源，不适合在按键较多的场合应用。在实际应用中经常要用到输入数字、字母等功能，如电子密码锁、电话机键盘等一般都至少有 12～16 个按键，在这种情况下如果用独立按键的话显然太浪费 I/O 口资源，为此需引入矩阵键盘。

矩阵键盘又称行列键盘，它是由四条 I/O 行线和四条 I/O 列线组成。在行线和列线的每个交叉点上设置一个按键，这样键盘上按键的个数就为 4×4 个。这种行列式键盘结构能有效地提高单片机系统中 I/O 口的利用率，即可以用 8 个 I/O 口扩展 16 个按键，比用独立按键节约了 8 个 I/O 口。

最常见的键盘布局一般由 16 个按键组成，如图 7-4 所示。在单片机中正好可以用一个 P1 口实现 16 个按键功能，这是在单片机系统中最常用的形式。4×4 矩阵键盘的内部电路如图 7-5 所示。

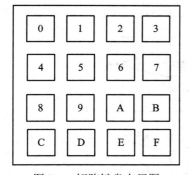

图 7-4　矩阵键盘布局图

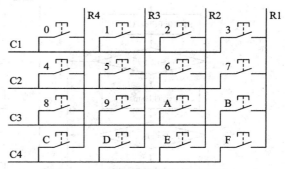

图 7-5　矩阵键盘的内部电路图

7.2.2　矩阵键盘的硬件原理图

图 7-6 中 P1 口连接到 4×4 小键盘，以便让用户输入数据，该键盘使用行扫描的方法检测按键是否被按下，以及被按下的是哪一个按键。P1 口的低四位接键盘列信号，高四位接行信号；将行信号作为输出，列信号作为输入。在行信号线上依次设为 0，即首先使第一行为 0，然后检测该行上的列信号是否为 0，其中 C1～C4 表示第 1 行到第 4 行，R1～R4 表示第 1 列到第 4 列。举例如下：

当 C1 = 0，C2 = 1，C3 = 1，C4 = 1 时，即扫描第一行，如果此时用户按下 0、1、2、3 号按键中的任意一个，被按下的按键会导通，所以列信号 R1、R2、R3、R4 会有一个引脚变成低电平，因此从 P1 口的低四位读取列信号数值时，会有一个数值为 0，如果是 R2 为 0，则可以判断是 2 号键按下了，其他按键依次类推。

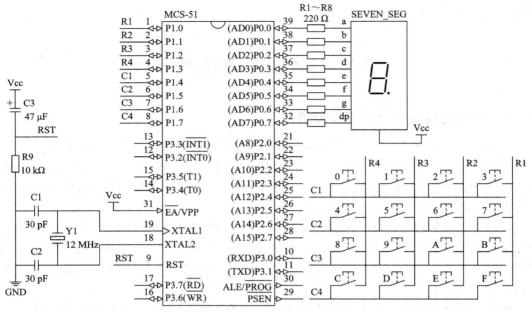

图 7-6 矩阵键盘硬件原理图

矩阵键盘程序流程图如图 7-7 所示。

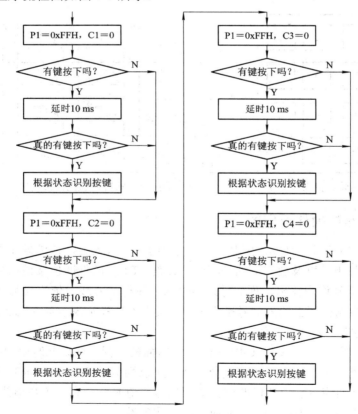

图 7-7 矩阵键盘程序流程图

7.2.3　4×4 键盘程序设计代码

```c
#include <reg51.h>
unsigned int key;
unsigned int temp;
void delay(unsigned int x);        //声明延时函数
unsigned char code tabll[]={
0xc0,0xf9,0xa4,0xb0,0x99,0x92,0x82,0xf8,
0x80,0x90,0x88,0x83, 0xc6,0xa1,0x86,0x8e,0x00};
sbit c1 = P1^4;        //设置按键第一行
sbit c2 = P1^5;        //设置按键第二行
sbit c3 = P1^6;        //设置按键第三行
sbit c4 = P1^7;        //设置按键第四行
/********************************
*   4×4 矩阵键盘主程序
*********************************/
void main()
{
    while(1)
    {
        P1=0xff;        //全部为高电平
        c1 = 0;         //第一行赋值为低
        temp=P1;        //读取行列的值
        if((temp&0x0f)!=0x0f)        //判断第一行是否有键按下
        {
            delay();        //延迟一段时间，消除按键抖动
            temp=P1;        //读取行列的值
            if ((temp&0x0f)!=0x0f)        //再次判断第一行是否有键按下
            {
                switch(temp)
                {
                case 0xee:key=3;break;    //第一行第一列有键按下
                case 0xed:key=2;break;    //第一行第二列有键按下
                case 0xeb:key=1;break;    //第一行第三列有键按下
                case 0xe7:key=0;break;    //第一行第四列有键按下
                }
                P0=tabll[key];        //显示得到的按键值
            }
        }
    }
```

```
P1=0xff;        //扫描第二行
c2 = 0;
temp=P1;
if((temp&0x0f)!=0x0f)
{
    delay();
    temp=P1;
    if ((temp&0x0f)!=0x0f)
    {
        switch(temp)
        {
        case 0xde:key=7;break;      //第二行第一列有键按下
        case 0xdd:key=6;break;      //第二行第二列有键按下
        case 0xdb:key=5;break;      //第二行第三列有键按下
        case 0xd7:key=4;break;      //第二行第四列有键按下
        }
    P0=tabll[key];
    }
}
P1=0xff;        //扫描第三行
c3 = 0;
temp=P1;
if((temp&0x0f)!=0x0f)
{
    delay();
    temp=P1;
    if ((temp&0x0f)!=0x0f)
    {
        switch(temp)
        {
            case 0xbe:key=11;break;     //第三行第一列有键按下
            case 0xbd:key=10;break;     //第三行第二列有键按下
            case 0xbb:key=9;break;      //第三行第三列有键按下
            case 0xb7:key=8;break;      //第三行第四列有键按下
        }
        P0=tabll[key];
    }
}
P1=0xff;        //扫描第四行
```

```
            c4=0;
            temp=P1;
            if((temp&0x0f)!=0x0f)
            {
                delay();
                temp=P1;
                if ((temp&0x0f)!=0x0f)
                {
                    switch(temp)
                    {
                        case 0x7e:key=15;break;    //第四行第一列有键按下
                        case 0x7d:key=14;break;    //第四行第二列有键按下
                        case 0x7b:key=13;break;    //第四行第三列有键按下
                        case 0x77:key=12;break;     //第四行第四列有键按下
                    }
                    P0=tabll[key];
                }
            }
        }
    }
}
/*********************************
*    延时 x 毫秒函数
*********************************/
void delay(unsigned int x)
{
unsigned int i,j;
for(i = x;i>0;i--)
    for(j=200;j>0;j--);
}
```

7.3　高精度 RTC 器件 DS1302 的程序设计

在许多的单片机系统中，通常要进行一些与时间有关的控制，这时就需要使用实时时钟，例如在测量控制系统中，特别是长时间无人值守的测控系统中，经常需要记录某些具有特殊意义的数据及其出现的时间，在系统中采用实时时钟芯片能很好地解决这个问题。

7.3.1 DS1302 简介

DS1302 是由美国 DALLAS 公司推出的一种高性能、低功耗、带有 RAM 的实时时钟电路，可以对年、月、日、周、时、分、秒进行计时，并具有闰年补偿功能。DS1302 的工作电压为 2.5 V～5.5 V，采用三线接口与 CPU 进行同步通信，并可采用突发方式一次传送多个字节的时钟信号或 RAM 数据。DS1302 内部有一组 31×8 位的用于临时性存放数据的 RAM 寄存器。DS1302 是 DS1202 的升级产品，与 DS1202 兼容，但增加了主电源/后备电源双电源引脚，同时提供了对后备电源进行涓细电流充电的能力。

1. 引脚功能及结构

DS1302 的引脚排列中 V_{CC1} 为后备电源，V_{CC2} 为主电源。在主电源关闭的情况下，也能保持时钟的连续运行。DS1302 由 V_{CC1} 或 V_{CC2} 两者中的较大者供电，当 V_{CC2} 大于 $V_{CC1}+0.2$ V 时，V_{CC2} 给 DS1302 供电，当 V_{CC2} 小于 V_{CC1} 时，DS1302 由 V_{CC1} 供电。X1 和 X2 是振荡源，外接 32.768 kHz 晶振。$\overline{RST}$ 是复位/片选线，通过把 $\overline{RST}$ 置高电平来启动所有的数据传送。$\overline{RST}$ 输入有两种功能：首先，$\overline{RST}$ 接通控制逻辑，允许地址/命令序列送入移位寄存器；其次，$\overline{RST}$ 提供终止单字节或多字节数据的传送手段。当 $\overline{RST}$ 为高电平时，所有的数据传送被初始化，允许对 DS1302 进行操作。如果在传送过程中 $\overline{RST}$ 置为低电平，则会终止此次数据传送,I/O 引脚变为高阻态。上电运行时，在 $V_{CC2}>2.0$ V 之前，$\overline{RST}$ 必须保持低电平。只有在 SCLK 为低电平时，才能将 $\overline{RST}$ 置为高电平。I/O 为串行数据输入/输出端(双向)，后面有详细说明。SCLK 为时钟输入端。图 7-8 为 DS1302 的引脚功能图。

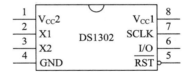

图 7-8　DS1302 的引脚功能图

DS1302 的内部结构如图 7-9 所示。

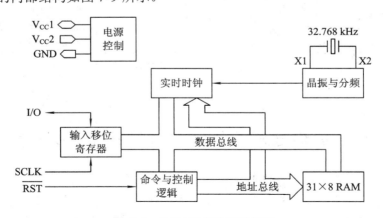

图 7-9　DS1302 的内部结构图

2. 数据输入/输出(I/O)

在控制指令字输入后的下一个 SCLK 时钟上升沿，输入数据被写入 DS1302，数据输入时从低位即第 0 位开始；同样，在紧跟 8 位控制指令字的下一个 SCLK 脉冲下降沿读出 DS1302 的数据，读出数据时从第 0 位到第 7 位。

3. DS1302 的寄存器

DS1302 有 12 个寄存器，其中有 7 个寄存器与日历、时钟相关，存放的数据位为 BCD 码形式，其日历、时间寄存器及其控制字见表 7-2。

此外，DS1302 还有年份寄存器、控制寄存器、充电寄存器、时钟突发寄存器以及与 RAM 相关的寄存器等。时钟突发寄存器可一次性顺序读写除充电寄存器外的所有寄存器内容。DS1302 与 RAM 相关的寄存器分为两类：一类是单个 RAM 单元，共 31 个，每个单元组态为一个 8 位的字节，其命令控制字为 C0H～FDH，其中奇数为读操作，偶数为写操作；另一类为突发方式下的 RAM 寄存器，此方式下可一次性读写所有的 RAM 的 31 个字节，命令控制字为 FEH(写)、FFH(读)。

表 7-2　日历、时钟寄存器及其控制字对照表

寄存器名称	7	6	5	4	3	2	1	0
	1	RAM/CK	A4	A3	A2	A1	A0	RD/W
秒寄存器	1	0	0	0	0	0	0	1/0
分寄存器	1	0	0	0	0	0	1	1/0
时寄存器	1	0	0	0	0	1	0	1/0
日寄存器	1	0	0	0	0	1	1	1/0
月寄存器	1	0	0	0	1	0	0	1/0
周寄存器	1	0	0	0	1	0	1	1/0
年寄存器	1	0	0	0	1	1	0	1/0
写保护寄存器	1	0	0	0	1	1	1	1/0
慢充电寄存器	1	0	0	1	0	0	0	1/0
时钟突发寄存器	1	0	1	1	1	1	1	1/0

DS1302 内部主要寄存器功能如表 7-3 所示。

表 7-3　DS1302 内部主要寄存器功能表

名称	命令字		取值范围	内容说明							
	写	读		7	6	5	4	3	2	1	0
秒寄存器	80H	81H	00～59	CH	秒的十位			秒的个位			
分寄存器	82H	83H	00～59	0	分钟十位			分钟个位			
时寄存器	84H	85H	1～12 或 0～23	12/24	0	A/P	小时十位	小时个位			
日寄存器	86H	87H	1～28,29,30,31	0	0	日期的十位		日期的个位			
月寄存器	88H	89H	1～12	0	0	0	月的十位	月的个位			
周寄存器	8AH	8BH	1～7	0	0	0	0	0	DAY		
年寄存器	8CH	8DH	0～99	年的十位				年的个位			

其中，CH 为时钟停止位，当 CH 为 0 时振荡器工作，CH 为 1 时振荡器停止；A/P=1 时为下午模式，A/P=0 时为上午模式。

4. DS1302 的读写时序

要想与 DS1302 通信，首先要先了解 DS1302 的控制字。DS1302 的控制字如图 7-10。控制字的最高有效位(位 7)必须是逻辑 1，如果它为 0，则不能把数据写入到 DS1302 中。有效位 6 如果为 0，则表示存取日历时钟数据，为 1 表示存取 RAM 数据；位 5 至位 1(A4～A0)表示操作单元的地址；位 0(最低有效位)如果为 0，表示要进行写操作，为 1 表示进行读操作。控制字总是从最低位开始输出。在控制字指令输入后的下一个 SCLK 时钟的上升沿时，数据被写入 DS1302，数据输入从最低位(0 位)开始。同样，在紧跟 8 位的控制字指令后的下一个 SCLK 脉冲的下降沿读出 DS1302 的数据。读出的数据也是从最低位到最高位。DS1302 单字节数据读/写时序图如图 7-11、图 7-12 所示，具体操作见驱动程序。

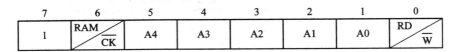

图 7-10　DS1302 的控制字

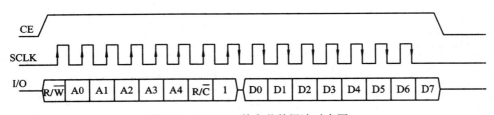

图 7-11　DS1302 单字节数据读时序图

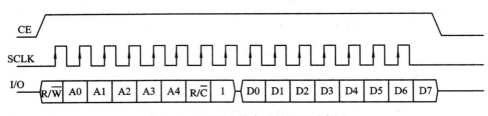

图 7-12　DS1302 单字节数据写时序图

7.3.2　DS1302 的硬件原理图

DS1302 与 CPU 的连接需要三条线，即 SCLK(7)、I/O(6)、$\overline{\text{RST}}$ (5)。图 7-13 标示出 DS1302 与 MCS-51 的连接线路，其中时钟用 6 个共阳极数码管显示。

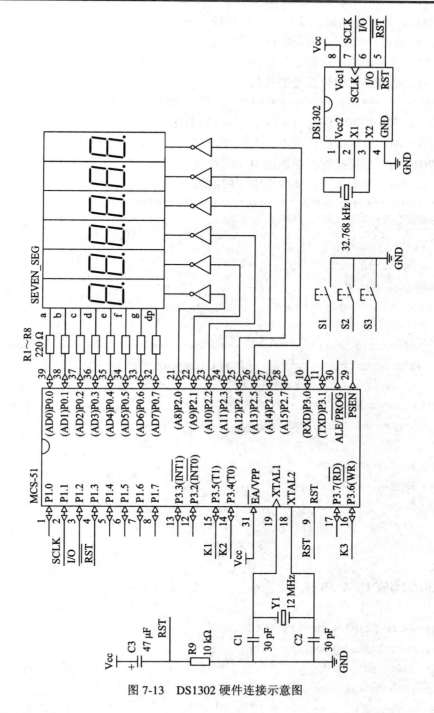

图 7-13　DS1302 硬件连接示意图

7.3.3　程序设计

程序功能如下：

按下 S1，进入设置状态，可以选择设置小时、分钟和秒，选择的位置处闪烁显示，全部选择一遍后，恢复正常显示状态。如果选择了一个要设置的时间位置后，没有任何其他设置动作，则该位置的数码管闪烁 12 s 后自动恢复到正常的显示状态。

按下 S2，则增加选中位置处的数值。

按下 S3，则减小选中位置处的数值。

```
/***********************************************************
* 用 LED 和 DS1302 作的电子钟，fosc = 12 MHz
*   S1(P3^4)，设置按键，按下进入设置状态
*   S2(P3^5)，增加按键，增加选中项的数值
*   S3(P3^6)，减少按键，减少选中项的数值
***********************************************************/
```

程序代码如下：

```c
#include <reg51.h>
#include <intrins.h>
#include "DS1302.h"
#define uchar unsigned char

code   uchar seven_seg[] = {0xc0,0xf9,0xa4,0xb0,0x99,0x92,0x82,0xf8,0x80,0x90};
code   uchar seven_bit[] = {0xdf,0xef,0xf7,0xfb,0xfd,0xfe};
sbit   set_key = P3^4;     //设置按键(S1)
sbit   incr_key = P3^5;    //up 按键(S2)
sbit   decr_key = P3^6;    //down 按键(S3)

#define HOME 0
#define HOUR 1
#define MIN   2
#define SEC 3

#define   DB_VAL 15
#define TIMEOUT 1250         //无操作的时间间隔

unsigned char flash = 0,flash_field = HOME;
idata unsigned char trg,cont,cnt;
unsigned int time_out=0;
uchar switch_debounce,j,flash_time;
uchar dis_value[6];
uchar dot;
bit set_flag = 0;
bit disp_update = 0;
```

```
typedef struct          //时间结构体
{
    char hour,min,sec,day,month,year,week;
}timestruct;
timestruct curtime,timeholder;
```

```
/*********************************
* 名称: get_time
* 功能: 读取 DS1302 的时间
*********************************/
void get_time(void)
{
    curtime.sec = r_1302(0x81);        //秒，获得的数据已转换为 BCD 码
    curtime.min = r_1302(0x83);        //分
    curtime.hour = r_1302(0x85);       //时

    if(!disp_update)                   //确信 timeholder 没有被显示
    {
        timeholder = curtime;          //装入新时间
        disp_update = 1;               //更新显示
    }
}
```

```
/*********************************
* 名称: set_time
* 功能: 设置 DS1302 的时间
*********************************/
void set_time(void)
{
    w_1302(0x8e,0x00);         //控制命令，WP̅ =0,允许写操作
    w_1302(0x80,curtime.sec/10<<4|curtime.sec%10);      //将十进制数转换为 BCD
    w_1302(0x82,curtime.min/10<<4|curtime.min%10);
    w_1302(0x84,curtime.hour/10<<4|curtime.hour%10);
    w_1302(0x86,curtime.day/10<<4|curtime.day%10);
    w_1302(0x88,curtime.month/10<<4|curtime.month%10);
    w_1302(0x8c,curtime.year/10<<4|curtime.year%10);
    w_1302(0x8e,0x80);         //控制命令，WP̅ =1,禁止写操作
}
```

```
/*********************************
* 功能: incr_field
* 描述: 增加选中位置处的数值
```

```
**********************************************/
void incr_field(void)
{
    if (flash_field == SEC)
    {
        curtime.sec++;
        if(curtime.sec>59)
        {
            curtime.sec = 0;
        }
    }
    if (flash_field == MIN)
    {
        curtime.min++;
        if(curtime.min>59)
        {
            curtime.min = 0;
        }
    }
    if (flash_field==HOUR)
    {
        curtime.hour++;
        if(curtime.hour>23)
        {
            curtime.hour = 0;
        }
    }
}
/***************************************************
```

功能：decr_field
描述：减少选中位置处的数值

```
*********************************************/
void decr_field(void)
{
    if (flash_field == SEC)
    {
        curtime.sec--;
        if(curtime.sec < 0)
        {
```

```
                curtime.sec = 59;
            }
        }
    if (flash_field == MIN)
    {
        curtime.min--;
        if(curtime.min < 0)
        {
            curtime.min = 59;
        }
    }
    if (flash_field==HOUR)
    {
        curtime.hour--;
        if(curtime.hour < 0)
        {
            curtime.hour = 23;
        }
    }
}
```

/***

* 功能：disp_value
* 描述：显示数值
* 参数：要闪烁显示的位置，即 flash_field
* 返回：无
***/

```
void disp_value(unsigned char fff)
{
    unsigned char zxg_temp[6];
    unsigned char zxgzxg,ii;
    zxgzxg = fff;
    switch(zxgzxg)      //参数为要设置的时间：0:正常显示，1:小时，2:分钟，3:秒
    {
        case 0:zxg_temp[0] = seven_seg[curtime.sec%10];
            zxg_temp[1] = seven_seg[curtime.sec/10];
            zxg_temp[2] = seven_seg[curtime.min%10]&0x7fldot;   //点亮小数点
            zxg_temp[3] = seven_seg[curtime.min/10];
            zxg_temp[4] = seven_seg[curtime.hour%10]&0x7fldot;   //点亮小数点
            zxg_temp[5] = seven_seg[curtime.hour/10];
```

```
                break;
        case 1:zxg_temp[0] = seven_seg[curtime.sec%10];
                zxg_temp[1] = seven_seg[curtime.sec/10];
                zxg_temp[2] = seven_seg[curtime.min%10]&0x7f;
                zxg_temp[3] = seven_seg[curtime.min/10];
                zxg_temp[4] = seven_seg[curtime.hour%10]&0x7f|flash;
                zxg_temp[5] = seven_seg[curtime.hour/10]|flash;    //闪烁显示数码管
                break;
        case 2:zxg_temp[0] = seven_seg[curtime.sec%10];
                zxg_temp[1] = seven_seg[curtime.sec/10];
                zxg_temp[2] = seven_seg[curtime.min%10]&0x7f|flash;
                zxg_temp[3] = seven_seg[curtime.min/10]|flash;
                zxg_temp[4] = seven_seg[curtime.hour%10]&0x7f;
                zxg_temp[5] = seven_seg[curtime.hour/10];
                break;
        case 3:zxg_temp[0] = seven_seg[curtime.sec%10]|flash;
                zxg_temp[1] = seven_seg[curtime.sec/10]|flash;
                zxg_temp[2] = seven_seg[curtime.min%10]&0x7f;
                zxg_temp[3] = seven_seg[curtime.min/10];
                zxg_temp[4] = seven_seg[curtime.hour%10]&0x7f;
                zxg_temp[5] = seven_seg[curtime.hour/10];
                break;
        default:break;
        }
    if(disp_update)     //显示更新过的时间
        {
            zxg_temp[0] = seven_seg[timeholder.sec%10];
            zxg_temp[1] = seven_seg[timeholder.sec/10];
            zxg_temp[2] = seven_seg[timeholder.min%10]&0x7f;
            zxg_temp[3] = seven_seg[timeholder.min/10];
            zxg_temp[4] = seven_seg[timeholder.hour%10]&0x7f;
            zxg_temp[5] = seven_seg[timeholder.hour/10];
            disp_update = 0;          //为下一次更新时间作准备
        }
    for(ii=0;ii<6;ii++)               //将更新过的时间送到显示数组
    {
        dis_value[ii] = zxg_temp[ii];
    }
}
```

```
/***********************************************
* 功能：T0 中断函数
* 描述：在中断中检测按键
***********************************************/
void t0_isr(void) interrupt 1
{
    static unsigned char second_cnt = 200;      //定义进入中断的次数
    TR0 = 0;
    TH0 = (65536-5000)/256;        //重装 5 ms 的定时初值，主频为 12 MHz
    TL0 = (65536-5000)%256;
    TR0 = 1;
    j++;
    if(j > 5) j = 0;
    P0 = 0xff;
    P0 = dis_value[j];          //中断中动态扫描显示
    P2 = seven_bit[j];
    if(++flash_time>100)
    {
        flash_time = 0;
        flash = ~flash;          //闪烁选择的数码管
        dot = ~dot;              //半秒闪烁一次小数点
        dot = dot&0x80;
    }
    if(flash_field && time_out)
    {
        time_out--;
        if(!time_out)
        {
            flash_field = HOME;      //设置位置归零
            set_flag = 0;            //退出设置状态
        }
    }
    if(switch_debounce)     //消除按键抖动
    {
        switch_debounce--;
    }
    if(!switch_debounce)
    {
        if(!set_key)
```

```
            {
                switch_debounce = DB_VAL;
                if(!set_flag && !disp_update)   //判断设置键是否是第一次被按下
                  {
                      set_flag = 1;
                      flash_field = HOUR;
                      time_out = TIMEOUT;      //设置等待时间
                  }
                else    //不是第一次按下设置按键
                  {
                      flash_field++;
                      if(flash_field > SEC)      //所有的选项被选一遍后，退出设置状态
                          {
                              flash_field = HOME;   //如果选择了一遍，则闪烁标志归零
                              time_out = 0;
                              set_flag = 0;
                              set_time();
                          }
                      else
                          time_out = TIMEOUT;        //重新设置等待时间
                  }
              }
        else if(set_key == 0)switch_debounce = DB_VAL;
        if(!switch_debounce)
        {
              if(set_flag&&incr_key == 0)    //判断增加键(S2)是否被按下
              {
                    switch_debounce = DB_VAL;
                    time_out = TIMEOUT;          //重新设置等待时间
                    incr_field();                //增加所选位置的数值
              }
        }
        else if(incr_key == 0)switch_debounce = DB_VAL;
        if(!switch_debounce)
        {
              if(set_flag && decr_key == 0)     //判断增加键(S2)是否被按下
              {
                    switch_debounce = DB_VAL;
```

```
                       time_out = TIMEOUT;          //重新设置等待时间
                       decr_field();                //减小所选位置的数值
                   }
               }
           else if(decr_key == 0)switch_debounce = DB_VAL;
           if(!set_flag)              //正常计时显示状态，每秒更新一次时间数据
               {
                   second_cnt--;
                   if(!second_cnt)
                   {
                       second_cnt = 200;            //100*10ms=1s
                       get_time();
                   }
               }
       }
/****************
 *    主函数
 ******************/
void main(void)
{
    EA = 1;
    ET0 = 1;
        TR0 = 1;
    TMOD = 0x01;                  //Timer0,工作于模式 1, 16 位定时方式
    TH0 = (65536-5000)/256;       //10 ms 的定时初值，主频为 12 MHz
    TL0 = (65536-5000)%256;
    Init1302();
    while(1)
        {
        disp_value(flash_field);      //此处 flash_field 为零，显示的是更新过的时间
        }
}
```

头文件 DS1302.H 的程序代码如下：

```
#ifndef __DS1302_H__
#define __DS1302_H__
#define uchar unsigned char      //宏定义
sbit T_CLK = P1^1;        //定义时钟线引脚
sbit   T_IO = P1^2;       //定义数据线引脚
sbit T_RST = P1^3;        //定义复位线引脚
```

```
sbit   ACC0 = ACC^0;      //定义累加器的低位，利用其操作的速度最快
sbit   ACC7 = ACC^7;      //定义累加器的高位，利用其操作的速度最快
```

```
/**************
* 函数声明
**************/
```

```
void w_onebyte_1302(uchar);      //往 DS1302 写入 1Byte 数据
uchar r_onebyte_1302(void);      //从 DS1302 读取 1Byte 数据
void w_1302(uchar , uchar );      //先写地址，后写命令/数据
uchar r_1302(uchar);      //读取 DS1302 某地址的数据
void Init1302(void);      //初始化 DS1302
```

```
/*************************************************
* 名称：w_onebyte_1302
* 功能：往 DS1302 写入 1 Byte 数据
* 输入：Da 写入的数据
*************************************************/
```

```
void w_onebyte_1302(uchar Da)
{
    uchar i;
    ACC= Da;
    for(i=8; i>0; i--)            //循环 8 次，写入 8 位数据，从低位到高位
    {
        T_IO = ACC0;        //相当于汇编中的 RRC
        T_CLK = 1;
        T_CLK = 0;
        ACC =ACC>> 1;        //将高一位数据移至 ACC0
    }
}
```

```
/*********************************************
* 名称: uchar r_onebyte_1302
* 功能: 从 DS1302 读取 1 Byte 数据
* 返回值: ACC
*********************************************/
```

```
uchar r_onebyte_1302(void)
{
    uchar i;
    for(i=8; i>0; i--)
    {
    ACC = ACC>>1;      //相当于汇编中的 RRC
    ACC7 = T_IO;
```

```
    T_CLK = 1;
    T_CLK = 0;
    }
    return(ACC);
}
```

/***
* 名称：w_1302
* 说明：先写地址，后写命令/数据
* 功能：往 DS1302 写入数据
* 调用：InputByte()
* 输入：address 为 DS1302 地址，Da 为要写的数据
* 返回值：无
***/

```
void w_1302(uchar address, uchar Da)
{
    T_RST = 0;
    T_CLK = 0;
    T_RST = 1;
    w_onebyte_1302(address);      // 先写地址，后写命令
    w_onebyte_1302(Da);           // 写 1 Byte 数据
    T_CLK = 1;
    T_RST =0;
}
```

/***
* 名称：r_1302
* 说明：先写地址，后读命令/数据
* 功能：读取 DS1302 某地址的数据
* 调用：w_onebyte_1302 , r_onebyte_1302()
* 输入：address 为 DS1302 地址
* 返回值：Da 为读取的数据,并转换为 10 进制数据
***/

```
uchar r_1302(uchar Addr)
{
    uchar ucDa,temp1,temp2;
    T_RST = 0;
    T_CLK = 0;
    T_RST = 1;
    w_onebyte_1302(Addr);       //地址，命令
    Da = r_onebyte_1302();      //读 1 Byte 数据
```

```
        T_CLK = 1;
        T_RST =0;
        temp1 = Da/16;
        temp2 = Da%16;
        Da = temp1*10+temp2;    //将读取的 BCD 码数据转换为十进制数并返回
        return(Da);
}
```

```
/**********************************************
```

* 名称: Init1302

* 功能: 初始化 DS1302

```
**********************************************/
```

```
void Init1302(void)
{
        w_1302(0x8e,0x00);      //控制写入 WP = 0
        w_1302(0x80,0x00);      //秒
        w_1302(0x82,0x59);      //分
        w_1302(0x84,0x12);      //时
        w_1302(0x86,0x01);      //日
        w_1302(0x88,0x08);      //月
        w_1302(0x8a,0x06);      //星期
        w_1302(0x8c,0x07);      //年
        w_1302(0x8e,0x80);      //控制写入 WP = 1
}
#endif
```

7.4　I^2C 串行总线接口器件 AT24C04 的驱动程序设计

I^2C(Inter-Integrated Circuit)总线是由飞利浦公司开发的两线式串行总线,用于连接微控制器及其外围设备。I^2C 总线产生于上世纪 80 年代,最初为音频和视频设备开发,如今主要在服务器中使用,其中包括单个组件状态的通信。

I^2C 总线最主要的优点是其简单性和有效性。由于接口直接置于组件上,因此 I^2C 总线占用的空间非常小,减少了电路板的空间和芯片管脚的数量。

7.4.1　I^2C 总线的结构与信号类型

1. I^2C 总线的构成

I^2C 总线是由数据线 SDA 和时钟 SCL 构成的串行总线,可发送和接收数据。最高传送速率 100 kb/s,采用 7 位寻址,使用时,各种被控制电路均并联在 I^2C 总线上,每个电路和模块都有唯一的地址确定。

在信息的传输过程中，I²C 总线上并接的每一模块电路既是主控器，又是接收器，这取决于它所要完成的功能。由 CPU 发出的控制信号分为地址码和控制码两部分：地址码用来选址，即接通需要控制的电路，确定控制的种类。

2. I²C 总线的信号类型

I²C 总线在工作过程中有 3 种类型信号，分别是：起始信号、终止信号和应答信号。

起始信号：SCL 为高电平时，SDA 由高电平向低电平跳变，开始传送数据。

终止信号：SCL 为高电平时，SDA 由低电平向高电平跳变，结束传送数据。如图 7-14 所示。

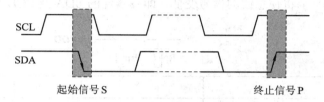

图 7-14　I²C 总线的开始和结束信号定义

应答信号：接收数据的 I²C 在接收到 8 bit 数据后，向发送数据的 I²C 发出特定的低电平脉冲，表示已收到数据。CPU 向受控单元发出一个信号后，等待受控单元发出一个应答信号，CPU 在接收到应答信号后，根据实际情况作出是否继续传递信号的判断。若未收到应答信号，则判断受控单元出现故障。应答信号定义如图 7-15 所示。

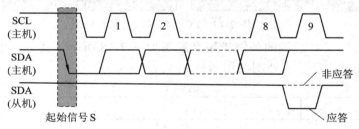

图 7-15　I²C 总线应答信号定义

3. 数据位的有效性规定

I²C 总线进行数据传送时，时钟信号为高电平期间，数据线上的数据须保持稳定，在时钟线上的信号为低电平期间，数据线上的高低电平状态才允许变化，如图 7-16 所示。

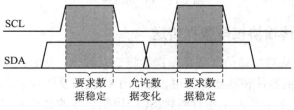

图 7-16　数据的传送过程

4. I²C 总线上一次典型的工作流程

(1) 开始：发送开始信号，表明传输开始。

(2) 发送地址：主设备发送地址信息，包含 7 位的从设备地址和 1 位的指示位(表明读或者写，即数据流的方向)。

(3) 发送数据：根据指示位，数据在主设备和从设备之间传输。数据一般以 8 位传输，最重要的位放在前面，具体能传输多少数据并没有限制。接收器上用一位的 ACK(应答信号)表明每一个字节都收到了，传输可以被终止和重新开始。

(4) 停止：发送停止信号，结束传输。

7.4.2 I²C 总线接口电路

I²C 总线通过上拉电阻接正电源。当总线空闲时，两根线均为高电平。连到总线上的任一器件输出的低电平都将使总线的信号变低，即各器件的 SDA 及 SCL 都是线"与"关系，如图 7-17 所示。

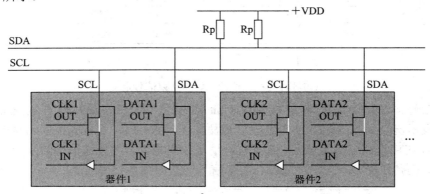

图 7-17 I²C 总线接口电路

通过线"与"，I²C 总线的外围扩展示意图如图 7-18 所示，其中给出了单片机应用系统中最常使用的 I²C 总线外围通用器件。

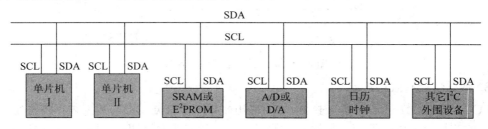

图 7-18 I²C 总线接口

7.4.3 I²C 总线的传输协议与数据传送

I²C 规程运用主/从双向通信。器件发送数据到总线上，则定义为发送器，器件接收数据则定义为接收器。主器件和从器件都可以工作于接收和发送状态。总线必须由主器件(通常为微控制器)控制，主器件产生串行时钟(SCL)控制总线的传输方向，并产生起始和停止条件。SDA 线上的数据状态仅在 SCL 为低电平的期间才能改变，SCL 为高电平的期间，SDA 状态的改变被用来表示起始和停止条件，如图 7-19 所示。

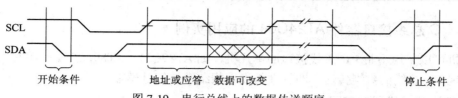

图 7-19   串行总线上的数据传送顺序

1. 控制字节

在起始条件之后，必须是从器件的控制字节，其中高四位为器件类型识别符(不同的芯片类型有不同的定义，E²PROM 一般应为 1010)，接着三位为片选，最后一位为读/写位，当为 1 时为读操作，为 0 时为写操作。从器件的控制字节如图 7-20 所示。

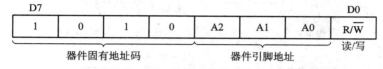

图 7-20   从器件的控制字节

2. 写操作

写操作分为字节写和页面写两种。在页面写方式下要根据芯片的一次装载字节的不同而有所不同。关于页面写的地址、应答和数据传送的时序如图 7-21 所示。

图 7-21   页面写地址、应答和数据传送图

说明: (1) S 表示开始信号，A 是应答信号，P 是停止信号。

(2) SLAw 是从器件的控制地址(最后一位为 0，表示写操作)。

(3) SADR 是要写入页面的首地址。

3. 读操作

读操作有三种基本操作：当前地址读、随机读和顺序读。图 7-22 给出的是顺序读的时序图。应当注意的是：最后一个读操作的第 9 个时钟周期不是"不关心"。为了结束读操作，主机必须在第 9 个时钟周期内发出停止条件或者在第 9 个时钟周期内保持 SDA 为高电平，然后发出停止条件。

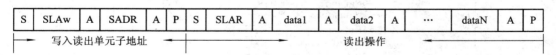

图 7-22   顺序读时序图

说明:

(1) S 表示开始信号，A 是应答信号，P 是停止信号。

(2) SLAw 是从器件的控制地址(最后一位为 0，表示写操作)。

(3) SLAR 是从器件的控制地址(最后一位为 1，表示读操作)。

(4) SADR 是读出单元的首地址。

7.4.4　I²C 总线接口器件 AT24C04 的应用实例

主机可以采用不带 I²C 总线接口的单片机，如 AT89C51、AT89C2051 等单片机，利用软件实现 I²C 总线的数据传送，即软件与硬件相结合的信号模拟。

1. 典型信号模拟时序图

为了保证数据传送的可靠性，标准 I²C 总线的数据传送有严格的时序要求。I²C 总线的起始信号、终止信号、发送 0 及发送 1 的模拟时序如图 7-23 所示。

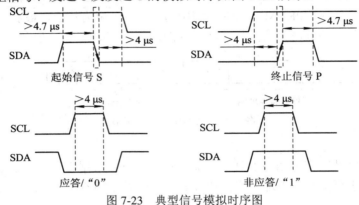

图 7-23　典型信号模拟时序图

7.4.5　AT24C04 的硬件原理图

本案例实现 MCS-51 对 AT24C04 进行单字节的读写操作。AT24C04 是 ATMEL 公司的 CMOS 结构 4096 位(512 B×8 位)串行 E²PROM，16 字节页面写。与 MCS-51 单片机的接口如图 7-24 所示。

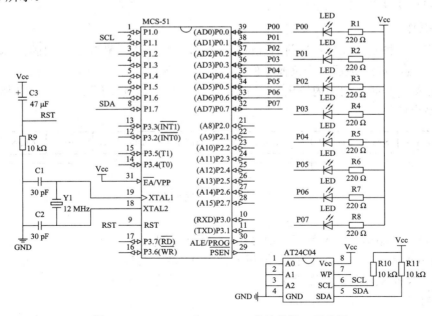

图 7-24　AT24C04 和 MCS-51 单片机接口示意图

图中 AT24C04 的地址为 0，SDA 是漏极开路输出，接 MCS-51 的 P17 脚，上拉电阻的选择可参考 AT24C04 的数据手册，SCL 是时钟端口，接 MCS-51 的 P11 脚。下面是通过 I2C 接口对 AT24C04 进行单字节读写操作的示例。

7.4.6　AT24C04 的程序设计

　　以下为 C 语言编写的模拟 I^2C 总线数据传送的读/写程序，I^2C 芯片为 AT24C04，单片机对 AT24C04 进行单字节的读写操作。

```
/*********************************************************
* 程序说明：模拟 I²C 芯片 AT24C04 单字节的读写程序，地址为 0
* 功能：把数据 0xF0 存储到地址 8 中，然后读出并通过 P0 口驱动 LED 显示
*********************************************************/
```

```c
#include<reg51.h>
#include<intrins.h>
#define uchar unsigned char     //宏定义
#define nop _nop_()
sbit sda = P1^7;        //SDA 和单片机的 P17 脚相连
sbit scl = P1^1;        //SCL 和单片机的 P11 脚相连
sbit a0=ACC^0;          //定义 ACC 的位，利用 ACC 操作速度最快
sbit a1=ACC^1;
sbit a2=ACC^2;
sbit a3=ACC^3;
sbit a4=ACC^4;
sbit a5=ACC^5;
sbit a6=ACC^6;
sbit a7=ACC^7;
```

```
/******************************************
* 程序说明：AT24C04 的开始函数
* 功能：模拟 AT24C04 的开始时序
******************************************/
```

```c
void start()
{
    sda=1;
    nop;
    scl=1;
    nop;
    sda=0;
    nop;
    scl=0;
    nop;
```

```
}
/*****************************************
* 程序说明：AT24C04 的停止函数
* 功能：模拟 AT24C04 的停止时序
*****************************************/
void stop()
{
    sda=0;
    nop;
    scl=1;
    nop;
    sda=1;
    nop;
}
/*****************************************
* 程序说明：AT24C04 的响应函数
* 功能：模拟 AT24C04 的响应时序
*****************************************/
void ack()
{
    uchar i;
    scl=1;
    nop;
    while((sda==1) && (i<250))i++;
    scl=0;
    nop;
}
/*****************************************
* 程序说明：AT24C04 的写字节函数
* 功能：往 AT24C04 写一个字节
*****************************************/
void write_byte(uchar dd)
{
    ACC=dd;
    sda=a7;scl=1;scl=0;
    sda=a6;scl=1;scl=0;
    sda=a5;scl=1;scl=0;
    sda=a4;scl=1;scl=0;
    sda=a3;scl=1;scl=0;
```

```
        sda=a2;scl=1;scl=0;
        sda=a1;scl=1;scl=0;
        sda=a0;scl=1;scl=0;
        sda=1;
}
```

```
/*****************************************
* 程序说明：AT24C04 的读字节函数
* 功能：从 AT24C04 读一个字节
*****************************************/
uchar read_byte()
{
        sda=1;
        scl=1;a7=sda;scl=0;
        scl=1;a6=sda;scl=0;
        scl=1;a5=sda;scl=0;
        scl=1;a4=sda;scl=0;
        scl=1;a3=sda;scl=0;
        scl=1;a2=sda;scl=0;
        scl=1;a1=sda;scl=0;
        scl=1;a0=sda;scl=0;
        sda=1;
        return(ACC);
}
```

```
/*****************************************
* 程序说明：AT24C04 的写字节函数
* 功能：往 AT24C04 指定地址写一个字节数据
*****************************************/
void write_add(uchar address,uchar date)
{
        start();
        write_byte(0xa0);       //写 2404 地址命令
        ack();
        write_byte(address);    //写地址
        ack();
        write_byte(date);       //写数据
        ack();
        stop();
}
```

```
/*****************************************
```

```
 *  程序说明：AT24C04 的读字节函数
 *  功能：从 AT24C04 指定地址读一个字节数据
 ****************************************/
uchar read_add(uchar address)
{
    uchar temp;
    start();
    write_byte(0xa0);
    ack();
    write_byte(address);
    ack();
    start();
    write_byte(0xa1);
    ack();
    temp=read_byte();
    stop();
    return(temp);
}
/****************************************
 *  程序说明：延时函数
 *  功能：延时 i 毫秒
 ****************************************/
void delay(uchar   i)
{
    uchar a,b;
    for(a=0;a<i;i++)
        for(b=0;b<100;b++);
}
/****************************************
 *  程序说明：AT24C04 的初始化函数
 *  功能：初始化 AT24C04
 ****************************************/
void init()
{
    sda=1;
    nop;
    scl=1;
    nop;
}
```

```
/*****************************************
*       AT24C04 主函数
*****************************************/
void main()
{
    init();                //初始化函数
    write_add(8,0xF0);    //往地址 8 中写入 0xF0
    delay(100);
    P0=read_add(8);       //读地址 8 中的数据，并送入 P0 口驱动发光二极管显示
    while(1);             //无限循环
}
```

程序分析：

(1) void write_add(uchar address,uchar date)和 uchar read_add(uchar address)两个函数分别实现向 AT24C04 的任一地址写一个字节和从 AT24C04 中任一地址读取一个字节数据的功能，函数操作步骤完全遵循前面介绍的操作原理，请大家参考对照。

(2) P0 = read_add(8);读出保存的数据 0xF0(1111 0000)给 P0 口，驱动低四位发光二极管。

7.5　LCD1602 的驱动程序设计

液晶显示模块是一种将液晶显示器件、连接件、集成电路、PCB 线路板、背光源和结构件装配在一起的组件，英文名称叫 LCD Module，简称 LCM，其在便携式仪表中有着广泛的应用，如万用表、转速表等。

根据显示方式和内容的不同，液晶模块可以分为数显液晶模块、液晶点阵字符模块和点阵图形液晶模块三种。

(1) 数显液晶模块是一种由段型液晶显示器件与专用的集成电路组装成一体的功能部件，只能显示数字和一些标识符号。

(2) 液晶点阵字符模块是由点阵字符液晶显示器件和专用的行、列驱动器、控制器以及必要的连接件、结构件装配而成的，可以显示数字和西文字符，但不能显示图形。

(3) 点阵图形液晶模块的点阵像素连续排列，行和列在排布中均没有空隔，因此不仅可以显示字符，而且可以显示连续、完整的图形。

本例介绍的字符显示器为 LCD1602，该器件是单片机系统中常用的低成本字符液晶显示部件，通过学习该器件的工作原理和相关指令，让读者掌握其基本工作原理和程序设计方法。

7.5.1　LCD1602 简介

字符型液晶显示模块是一种专门用于显示字母、数字、符号等的点阵式 LCD，目前常用的有 16×1、16×2、20×2 和 40×2 等模块。LCD1602 是一种 16×2 字符型液晶显示器，实物如图 7-25 所示。

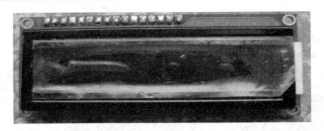

图 7-25　LCD1602 字符型液晶显示器实物图

该显示器件采用电路模块封装，控制器大部分为 HD44780，带有标准的 SIP14 引脚(无背光)或 SIP16 引脚(带背光)，芯片和背光电路工作电压与单片机兼容，引脚分电源、通信数据和控制三部分，可以很方便地与单片机进行连接。各引脚接口说明如表 7-4 所示。

表 7-4　LCD1602 接口引脚

编号	符号	引脚说明	编号	符号	引脚说明
1	V_{SS}	电源地	9	D2	数据(I/O)
2	V_{CC}	电源正极	10	D3	数据(I/O)
3	VL	液晶显示偏压信号	11	D4	数据(I/O)
4	RS	数据命令选择端(H/L)	12	D5	数据(I/O)
5	R/W	读/写选择端(H/L)	13	D6	数据(I/O)
6	E	使能信号	14	D7	数据(I/O)
7	D0	数据(I/O)	15	BLA	背光源正极
8	D1	数据(I/O)	16	BLK	背光源负极

7.5.2　LCD1602 的指令

1. 基本操作

LCD1602 是单片机外部器件，基本操作以单片机为主器件进行，这些操作包括读状态、写指令、读数据、写数据等。数据的传输通过 LCD1602 的数据端口 D0～D7，操作类型由三个控制端电平组合控制，如表 7-5 所示。在数据或指令的读/写过程中，控制端外加电平有一定的时序要求，图 7-26 和图 7-27 分别为该器件的读、写操作时序图，时序图说明了三个控制端口与数据之间的时间对应关系，这是基本操作的程序设计的基础。

表 7-5　LCD1602 基本读、写操作控制

读状态	输入	RS=L，R/W=H，E=H	输出	D0～D7=指令码
写指令	输入	RS=L，R/W=L，D0～D7=指令码,E=高脉冲	输出	无
读数据	输入	RS=H，R/W=H，E=H	输出	D0～D7=数据
写数据	输入	RS=H，R/W=L，D0～D7=数据，E=高脉冲	输出	无

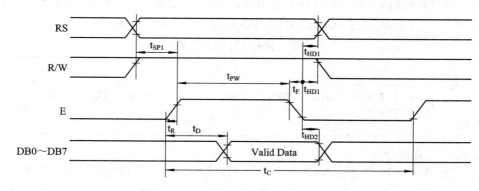

图 7-26　读操作时序

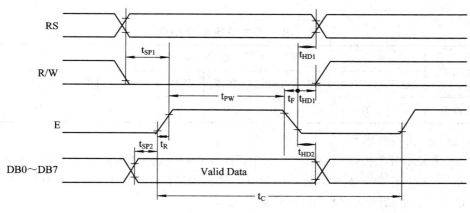

图 7-27　写操作时序

2. LCD1602 指令

LCD1602 液晶模块内部的控制器共有 11 条控制指令和操作，各指令利用两位 16 进制代码表示，其功能和指令码下面一一介绍。

(1) 清屏指令。

该指令代码为 0x01。单片机向 LCD1602 的数据端口写入 0x01 后，LCD1602 自动将本身 DDRAM 的内容全部填入"空白"的 ASCII 20H，并将地址计数器 AC 的值设为 0，同时光标归位，即将光标撤回液晶显示屏的左上方，此时显示器无显示。清屏指令格式见表 7-6 所示。

表 7-6　清屏指令格式

指令功能	指令编码								
	RS	R/W	DB7	DB6	DB5	DB4	DB3	DB2	DB1	DB0
清　屏	0	0	0	0	0	0	0	0	0	1

(2) 光标归位指令。

光标归位指令代码 0x02 或 0x03(x 表示 0 或 1)的格式见表 7-7，其主要功能是把地址计数器(AC)的值设置为 0，保持 DDRAM 的内容不变，同时把光标撤回到显示器的左上方。

表 7-7　光标归位指令格式

指令功能	指 令 编 码								
	RS	R/W	DB7	DB6	DB5	DB4	DB3	DB2	DB1	DB0
光标归位	0	0	0	0	0	0	0	0	1	×

(3) 模式设置指令。

模式设置指令码格式见表 7-8，其中，当 I/D 为 0 时，写入新数据后光标右移，当 I/D 为 1 时写入新数据后光标左移，显示不移动；S = 0 时，写入新数据后显示屏幕不移动，S = 1 时写入新数据后显示屏幕整体右移 1 个字符。如指令代码为 0x06 时，光标随写入数据自动左移。

表 7-8　模式设置指令格式

指令功能	指 令 编 码								
	RS	R/W	DB7	DB6	DB5	DB4	DB3	DB2	DB1	DB0
模式设置	0	0	0	0	0	0	0	1	I/D	S

(4) 显示开关控制指令。

表 7-9 为显示开关控制指令格式。其中，D 为 0 时关显示功能，D 为 1 时开显示功能；C 为 0 时无光标，C 为 1 时有光标；B 为 0 时光标闪烁，B 为 1 时光标不闪烁。如指令码 0x0C，设置为显示功能开，无光标，光标不闪烁。

表 7-9　显示开关控制指令码格式

指令功能	指 令 编 码								
	RS	R/W	DB7	DB6	DB5	DB4	DB3	DB2	DB1	DB0
显示开关	0	0	0	0	0	0	1	D	C	B

(5) 屏幕光标指令。

屏幕光标指令格式见表 7-10。其中，S/C、R/L 设定 0、0 时光标左移 1 格，且 AC 减 1；0、1 时光标右移 1 格，且 AC 加 1；1、0 时显示器上的字符左移 1 格，光标不动；1、1 时显示器上的字符右移 1 格，光标不动。如指令码 0x14，设置为 AC+1，光标右移 1 格(打字的效果)。

表 7-10 屏幕光标指令格式

指令功能	指令编码									
	RS	R/W	DB7	DB6	DB5	DB4	DB3	DB2	DB1	DB0
屏幕光标	0	0	0	0	0	1	S/C	R/L	×	×

(6) 功能设定指令。

功能设定指令主要是设置 LCD1602 的初始工作状态，具体指令格式见表 7-11。其中，DL 为 0 时，数据总线为 4 位，1 表示数据总线为 8 位；N 为 0 时显示 1 行，为 1 时显示 2 行；F 为 0 时，LCD1602 显示的一个字符为 5×7 点阵，F 为 1 时为 5×10 点阵。如指令码 0x38，LCD1602 被设置成为 8 位并行数据接口，显示两行，以 5×7 点阵显示。

表 7-11 功能设定指令格式

指令功能	指令编码									
	RS	R/W	DB7	DB6	DB5	DB4	DB3	DB2	DB1	DB0
功能设定	0	0	0	0	1	DL	N	F	×	×

(7) 设定 CGRAM/DDRAM 指令。

设定 CGRAM/DDRAM 的指令有 0x40 + 地址、0x80 + 地址两种。0x40 是设定 CGRAM 的地址命令，地址是指要设置的 CGRAM 地址；0x80 是设定 DDRAM 的地址命令，地址是指要写入的 DDRAM 地址。指令格式见表 7-12。

表 7-12 设定 CGRAM/DDRAM 指令格式

指令功能	指令编码									
	RS	R/W	DB7	DB6	DB5	DB4	DB3	DB2	DB1	DB0
设定 CGRAM	0	0	0	1	CGRAM 地址(6 位)					
设定 DDRAM	0	0	1	DDRAM 地址(7 位)						

(8) 读取忙信号或 AC 地址指令。

当 RS=0、R/W=1 时，单片机读取忙碌信号 BF 的内容，BF=1 表示液晶显示器忙，暂时无法接收单片机送来的数据或指令；当 BF=0 时，液晶显示器可以接收单片机送来的数据或指令，同时单片机读取地址计数器(AC)的内容。指令格式见表 7-13。

表 7-13 读取忙信号或 AC 地址指令格式

指令功能	指令编码									
	RS	R/W	DB7	DB6	DB5	DB4	DB3	DB2	DB1	DB0
读取忙信号或 AC 地址	0	1	BF	AC 内容(7 位)						

(9) 写入 CGRAM/DDRAM 数据操作。

当 RS=1、R/W=0 时，单片机可以将字符码写入 DDRAM，以使液晶显示屏显示出相对应的字符,也可以将用户自己设计的图形存入 CGRAM,操作格式见表 7-14。

表 7-14　写入 CGRAM/DDRAM 数据操作格式

指令功能	指令编码								
	RS	R/W	DB7	DB6	DB5	DB4	DB3	DB2	DB1	DB0
数据写入 CGRAM/DDRAM 中	1	0	写入的数据(7 位)							

(10) 从 CGRAM/DDRAM 读数据指令。

当 RS=1、R/W=1 时,单片机读取 DDRAM 或 CGRAM 中的内容,操作格式见表 7-15。

表 7-15　从 CGRAM/DDRAM 读数据操作格式

指令功能	指令编码								
	RS	R/W	DB7	DB6	DB5	DB4	DB3	DB2	DB1	DB0
从 CGRAM/DDRAM 读数据	1	1	读出的数据(7 位)							

3. LCD1602 的 RAM 地址映射及标准字库表

液晶显示模块是一个慢显示器件,所以在执行每条指令之前一定要确认模块的忙标志为低电平,表示不忙,否则此指令失效。要显示字符时要先输入显示字符地址,也就是告诉模块在哪里显示字符。图 7-28 是 LCD1602 的内部显示地址。

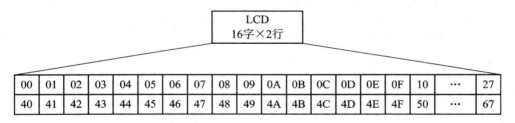

图 7-28　LCD1602 的内部 RAM 地址映射图

例如第二行第一个字符的地址是 40H,那么是否直接写入 40H 就可以将光标定位在第 2 行第 1 个字符的位置呢?这样不行,因为写入显示地址时要求最高位 D7 恒定为高电平 1,所以实际写入的数据应该是 01000000B(40H)+10000000B(80H)=11000000B(C0H)。

在对液晶模块的初始化中要先设置其显示模式,在液晶模块显示字符时光标是自动右移的,无需人工干预。每次输入指令前都要判断液晶模块是否处于忙的状态。

LCD1602 液晶模块内部的字符发生存储器(CGROM)已经存储了 160 个不同的点阵字符图形。CGROM 和 CGRAM 中字符代码与字符图形的对应关系如表 7-16 所示,这些字符有阿拉伯数字、英文字母的大小写、常用的符号和日文假名等,每一个字符都有一个固定的代码,比如大写的英文字母"A"的代码是 01000001B(41H),显示时模块把地址 41H 中的点阵字符图形显示出来,我们就能看到字母"A"。

表 7-16 CGROM 和 CGRAM 中字符代码与字符图形的对应关系

高位 / 低位	0000	0010	0011	0100	0101	0110	0111	1010	1011	1100	1101	1110	1111
××××0000	(1)		0	ə	P	\	p		―	タ	三	α	P
××××0001	(2)	!	1	A	Q	a	q	◦	ア	チ	ム	ä	q
××××0010	(3)	‖	2	B	R	b	s	┌	イ	ツ	ㄨ	β	θ
××××0011	(4)	#	3	C	S	c	s	┘	ウ	テ	モ	ε	∞
××××0100	(5)	$	4	D	T	d	t	\	エ	ト	ヤ	μ	Ω
××××0101	(6)	%	5	E	U	e	u	▪	オ	ナ	ユ	B	ü
××××0110	(7)	&	6	F	V	f	v	ヲ	カ	ニ	ヨ	P	Σ
××××0111	(8)	>	7	G	W	g	w	ア	キ	ヌ	ラ	g	x
××××1000	(1)	(	8	H	X	h	x	イ	ク	ネ	リ	∫	⊠
××××1001	(2)	)	9	I	Y	i	y	ウ	ケ	ノ	ル	-1	y
××××1010	(3)	*	:	J	Z	j	z	エ	コ	リ	レ	j	千
××××1011	(4)	+	;	K	[	k	{	オ	サ	ヒ	ロ	x	万
××××1100	(5)	フ	<	L	￥	l			ヤ	シ	フ	ワ	¢	⊞
××××1101	(6)	―	=	M	]	m	}	ユ	ス	ヘ	ン	₤	÷
××××1110	(7)	.	>	N	^	n	→	ヨ	セ	ホ	ハ	ñ	
××××1111	(8)	/	?	O	_	o	←	ツ	ソ	マ	◦	ö	■

7.5.3 LCD1602 的电路原理图

单片机和 LCD1602 的连接电路如图 7-29 所示，LCD1602 用的是 8 位数据线模式，具体接法为使能端 E 接 P2.7，R/W 端接 P2.6，RS 端接 P2.5，D0～D7 接单片机的 P0 端口。

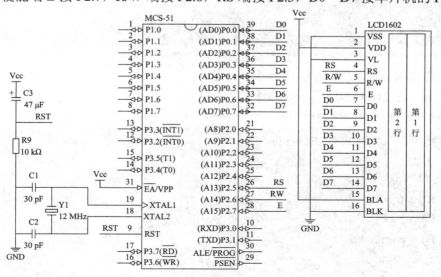

图 7-29 单片机和 LCD1602 的连接电路

7.5.4 程序设计

```
/*****************************************************************
* 程序描述：LCD1602 的控制芯片为 HD44780
* P2.5、P2.6、P2.7 连接到 LCD 显示器的控制线
* P0 口程序执行时将显示 "hello world"、"1234567890"等信息
*****************************************************************/
#include <reg51.h>
#define uchar unsigned char

sbit RS = P2^5;      //液晶数据命令选择端，H=数据，L=命令
sbit RW = P2^6;      //液晶读写控制端，H=读，L=写
sbit E  = P2^7;      //液晶使能端
char code num[]="0123456789";
/****************************************
* 程序说明：延时函数
* 功能：延时 n 毫秒
****************************************/
void delay(unsigned int n)
{
    unsigned int j=0;
    for(;n>0;n--)
    {
        for(j=0;j<125;j++);
    }
}
/****************************************
* 程序说明：往 LCD 1602 写命令子函数
* 功能：往 LCD 1602 写一个命令
****************************************/
void w_command(uchar command)
{
    RW = 0;
    RS = 0;
    E = 1;
    P0 = command;
    delay(20);
    E = 0;
}
```

```
/*****************************************
* 程序说明：往 LCD 1602 写数据子函数
* 功能：往 LCD 1602 写一个数据
*****************************************/
void w_data(uchar date)
{
    RW = 0;
    RS = 1;
    E = 1;
    P0 = date;
    delay(20);
    E = 0;
}
/*****************************************
* 程序说明：往 LCD 1602 写字符串子函数
* 功能：往 LCD 1602 写一字符串
*****************************************/
void display_string(uchar *p)
{
    while(*p)
    {
        w_data(*p);
        p++;
    }
}
/*****************************************
* 程序说明：LCD 1602 跳转子函数
* 功能：跳转到 LCD 1602 中的指定地址
*****************************************/
void gotoxy(uchar y,uchar x)
{
    if(y == 1)
        w_command(0x80+x);
    else if(y == 2)
        w_command(0x80+0x40+x);
}
/*****************************************
* 程序说明：LCD 1602 初始化子函数
* 功能：初始化 LCD 1602
```

```
****************************************/
    void F1602_init(void)
{
    w_command(0x38);        // 两行，每行 16 字符，每个字符 5×7 点阵
    delay(20);
    w_command(0x38);
    delay(20);
    w_command(0x38);
    delay(20);
    w_command(0x38);
    w_command(0x0C);
    w_command(0x06);
}
```

```
/***************************************
* 程序说明：清屏 LCD 1602 子函数
* 功能：清屏 LCD 1602
****************************************/
void F1602_clear()
{
    w_command(0x01);
    w_command(0x02);
}
```

```
/***************************************
* 程序说明：主函数
****************************************/
void main (void)
{
    F1602_init();
    F1602_clear();
    while(1)
    {
        F1602_clear();
        display_string("hello world");
        gotoxy(2,0);
        display_string("1234567890");
        delay(3000);
    }
}
```

程序分析：

(1) 写命令操作和写数据操作分别用两个独立的函数 w_command(uchar)、w_data(uchar) 来完成，函数内唯一的区别就是液晶数据命令选择端的电平，写数据函数解释如下：

```
void w_data(uchar date)
{
    RW = 0;        //写操作
    RS = 1;        //写数据模式
    E = 1;         //给使能端一个高脉冲
    P0 = date;     //将要写的命令字送到数据总线上
    delay(20);     //稍作延时以等待数据稳定
    E = 0;         //将使能端置低电平
}
```

(2) 初始化函数中几个命令的解释请对照前面的指令码及功能说明。

```
w_command(0x38);    //设置 16×2 显示，5×7 点阵，8 位数据接口
w_command(0x0C);    //设置开显示，不显示光标
w_command(0x06);    // 写一个字符后地址指针自动加 1
w_command(0x01);    //显示清零，数据指针清零
```

(3) 函数 gotoxy(uchar x,uchar y)中表示跳到 x 行 y 列，x 取 1、2 两个值表示第 1 行和第 2 行，y 取 0～15 表示字符在某一行中的位置。

7.6 A/D 转换器 TLC549 的驱动程序设计

尽管数字设备很流行，但是世界的本质是模拟的。微控制器要先把模拟数据转换为数字形式才能对它们进行处理。

A/D 的任务是将连续变化的模拟信号转换为离散的数字信号，以便于数字系统进行处理、存储、控制和显示。

7.6.1 A/D 转换的基础知识

A/D(模/数)转换基本上是一个比例上的问题，由模/数转换器产生的数字值是和输入电压与转换器量程的比值相关的。例如，如果 3 V 的电压输入到一个满量程为 5 V 的模/数转换器，则数字输出结果应该是 A/D 输出的最大数字量的 60%(3/5=0.6)。

模/数转换器输出的数字范围通常以位来表示，如 8 位、10 位等，输出的位数决定了可以从转换器输出端读取的数值范围。一个 8 位转换器可以提供 0～255(2^8−1)数字范围的输出，一个 10 位转换器可以提供 0～1023(2^{10}−1)数字范围的输出。

7.6.2 A/D 转换器的主要技术指标

(1) 转换时间和转换速率。转换时间是 A/D 完成一次转换所需的时间。转换时间的倒数为转换速率。

(2) 分辨率。分辨率习惯上用输出二进制位数或 BCD 码位数表示。例如，AD574 A/D

转换器，可输出二进制 12 位，即用 2^{12} 的个数进行量化，其分辨率为 1 LSB，用百分数表示为 $1/2^{12}=0.24‰$。量化过程引起的误差为量化误差，是由于有限位数字量对模拟量进行量化而引起的误差。

(3) 转换精度。转换精度定义为一个实际 A/D 转换器与一个理想 A/D 转换器在量化值上的差值，可用绝对误差或相对误差表示。

数据采集系统就是将模拟输入信号经 A/D 转换后进行信号处理，最后经 D/A 转换器将数字信号转换为模拟信号，该系统的简单框图如图 7-30 所示。

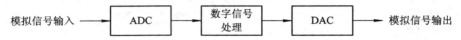

图 7-30 数据采集系统简单框图

正如图 7-30 所示，A/D 转换器就是整个数据采集系统的核心。下面结合 TLC549 串行 A/D 转换器介绍单片机在数据采集中的应用以及基于 C51 语言的程序设计。

7.6.3 TLC549 的结构及工作原理

1. TLC549 芯片概述

TLC549 是美国 TI 公司生产的串行 A/D 转换器，它是 8 位的，可通过 I/O CLOCK、$\overline{CS}$、DOUT 三条接口线与通用微处理器进行串行连接。片内系统时钟为 4 MHz，最长 17 μs 的转换时间，最高转换速率为 40 000 次/s，功耗值为 6 mW，采用差分参考电压高阻输入，可按比例量程校准转换范围，REF−接地，(REF+)−(REF−)≥1 V，可用于较小信号的采样，其引脚图如图 7-31 所示。

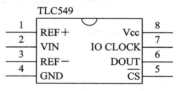

图 7-31 TLC549 引脚图

2. TLC549 的工作原理

TLC549 有 4 MHz 的片内系统时钟，该时钟与 IO CLOCK 是独立工作的，不需要特殊的速度或相位匹配，其工作时序如图 7-32 所示。

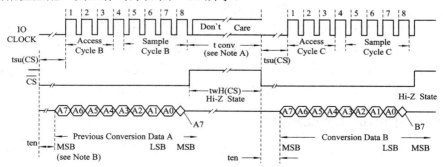

图 7-32 TLC549 工作时序图

当 $\overline{CS}$ 为高时，数据输出(DOUT)端处于高阻状态，此时 IO CLOCK 不起作用。这种 $\overline{CS}$

控制作用允许在同时使用多片 TLC549 时共用 IO CLOCK,以减少多路(片)A/D 并用时的 I/O 控制端口。一次完整的转换过程如下:

(1) 将 $\overline{CS}$ 置低电平。内部电路在测得 $\overline{CS}$ 下降沿后,在等待两个内部时钟上升沿和一个下降沿后,再确认这一变化,然后自动将前一次转换结果的最高位(D7)位输出到 DOUT 端。

(2) 前四个 IOCLOCK 周期的下降沿依次移出第 2、3、4 和第 5 个位(D6、D5、D4、D3),片上采样保持电路在第 4 个 IO CLOCK 下降沿开始采样模拟输入。

(3) 接下来的 3 个 IO CLOCK 周期的下降沿移出第 6、7、8(D2、D1、D0)个转换位。

(4) 最后,采样保持电路在第 8 个 IO CLOCK 周期的下降沿将移出第 6、7、8(D2、D1、D0)个转换位,且将持续 4 个内部时钟周期后开始进行 32 个内部时钟周期的 A/D 转换。在第 8 个 IO CLOCK 后,$\overline{CS}$ 必须为高,这种状态需维持 36 个内部系统时钟周期以等待转换工作的完成。

7.6.4　TLC549 的硬件原理图

TLC549 可方便地与具有串行外设接口(SPI 电路)的单片机或微处理器配合使用,也可与 MCS-51 系列通用单片机连接使用。与 MCS-51 系列单片机的接口如图 7-33 所示,其采样程序框图如图 7-34 所示。

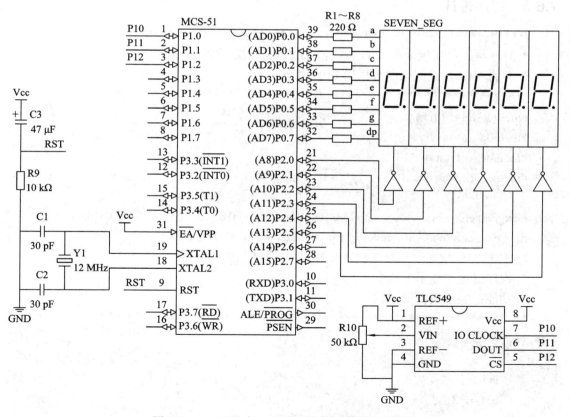

图 7-33　TLC549 与 MCS-51 单片机的接口示意图

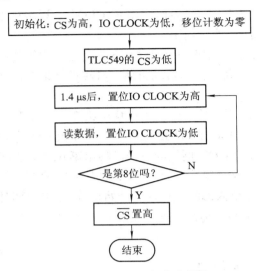

图 7-34　TLC549 程序流程图

其中，单片机的 P12 脚与 TLC549 的 $\overline{CS}$ 连接，作为片选信号端口；P11 与 DOUT 连接作为数据接收端口；P10 与 IO CLOCK 连接作为脉冲时钟端口。

7.6.5　程序设计

```
/*********************************************************
* 程序描述：实现 8 位 A/D 转换器 TLC549 的模/数转换
* 并将 VIN 口读回来的数据送 LED 数码管显示
*********************************************************/
#include<reg51.h>
#include<intrins.h>
#include"common.h"
#include"tlc549_adc.h"

unsigned char code seven_table[] = {0xc0,0xf9,0xa4,0xb0,0x99,0x92,0x82,0xf8,0x80,0x90};
unsigned char code bit_table[]     = {0xdf,0xef,0xf7,0xfb,0xfd,0xfe};
/*********************************************************
* 程序描述：显示子函数
* 功能：显示数据子函数
*********************************************************/
void display(void)
{
    uchar i;
    if(i == 3)              //在前位后加上小数点
    {
        P0=seven_table[ad549_result[i]]&0x7f;
```

```
        }
        else
        {
            P0=seven_table[ad549_result[i]];
        }
        P2=bit_table[i];
        delay_ms(5);
        i++;
        if(i == 4) i = 0;
}
```

```
/***********************************************************
*       TLC549 主函数
************************************************************/
void main(void)
{
    while(1)
    {
        volt_to_led();
        display();
    }
}
```

头文件 TLC549_ADC.H 的程序代码如下：

```
#ifndef __TLC549_ADC_H__
#define __TLC549_ADC_H__
#include"common.h"
```

//函数说明

```
sbit    cs549     = P1^2;
sbit    sda549    = P1^1;
sbit    clk549    = P1^0;


uchar ad549_result[4]={0,0,0,0};
uint volt;
uchar ad549(void);
void ad_result(void);
void volt_to_led(void);
```

```
/*********************************************
* 程序描述：TLC549 读取转换结果子函数
* 功能：读取 TLC549 的转换结果
*********************************************/
```

```
uchar ad549(void)
{
    uchar value = 0,i;
    sda549 = 1;
    cs549   = 1;
    clk549 = 1;
    cs549   = 0;                //片选信号有效
    _nop_();;_nop_();
    for(i=0;i<8;i++)            //串行数据移位输入
    {
        value = value<<1;          //左移一位，低位补零
        if(sda549 == 1)
        valuel= sda549;
        clk549 = 1;
        _nop_();;_nop_();
        clk549 = 0;                //时钟下降沿有效
    }
    delay10us();
    delay10us();               //需要延迟 17 μs 以后，再启动下一次转换
    cs549 = 1;                 //片选无效
    return value;
}
```

```
/*****************************************************
 * 程序描述：TLC549 电压转换子函数
 * 功能：将读取 TLC549 的结果转换并扩大 1000 倍
 * 4.430 为测试板子实际电压，对不同的板子要先测量该值
 *****************************************************/
```

```
void ad_result(void)
{
    uchar ad_data;
    ad_data = ad549();
    volt = 4.430/256*ad_data*1000;
}
```

```
/*****************************************************
 * 程序描述：TLC549 电压转换子函数
 * 功能：将扩大 1000 倍后的结果送 LED 显示
 *****************************************************/
```

```
void volt_to_led(void)
{
```

```
        ad_result();
        ad549_result[3] = volt/1000;        //千位
        ad549_result[2] = volt/100%10;      //百位
        ad549_result[1] = volt/10%10;       //十位
        ad549_result[0] = volt%10;          //个位
    }
    #endif
```

头文件 COMMON.H 的程序代码如下：

```
#ifndef __COMMON_H__
#define __COMMON_H__
#include<intrins.h>
#define uchar unsigned char
#define uint   unsigned int
//函数说明
void delay_ms(uint j);
void delay10us(void);
/**************************************************
* 程序描述：延时子函数
* 功能：延时 j ms
**************************************************/
void delay_ms(uint j)
{
    uint ii,jj;
    for(ii=j;ii>0;ii--)
        for(jj=114;jj>0;jj--);
}
/**************************************************
* 程序描述：延时子函数
* 功能：延时 10 μs
**************************************************/
void delay10us(void)
{
    _nop_();_nop_();
    _nop_();_nop_();
    _nop_();_nop_();
    _nop_();_nop_();
    _nop_();_nop_();
}
#endif
```

使用串行 ADC 的好处：

(1) 减少连线数(SPI 口比并行口占用的 I/O 口要少得多，连线十分方便)。

(2) 时序简单，虽然串行的时序本身要比并行的时序复杂，但对集成了 SPI 控制器的单片机来说，这些工作完全由单片机自动完成，用户无需干预，因此十分简单。

(3) 控制灵活，有些 SPI 接口的 ADC 既可以输出转换后的数据量，又可以读入用户设置的"命令字"，我们可以通过"输入命令字"将其配置成单极性或双极性的 ADC 而无需改动电路，控制十分灵活。

7.7 D/A 转换器 DAC0832 的驱动程序设计

D/A 转换器是将数字量转化成与其成正比的模拟量的器件。按输出是电流还是电压以及是否能作乘法运算来进行分类。但其内部电路构成无太大差异，主要有权电阻型 D/A 转换器、R-2R 网络型 D/A 转换器和权电流型 D/A 转换器。

7.7.1 D/A 转换器的分类

采用电流开关型电路，电路如果直接输出生成电流，则为电流输出型 D/A 转换器，相应的，电压开关型电路为直接输出电压型 D/A 转换器。D/A 转换器的类型如下：

(1) 电压输出型(如 TLC5620)。

(2) 电流输出型(如 AD9708)。

(3) 乘算型(如 AD7520)。

7.7.2 D/A 转换器的主要技术指标

(1) 分辨率(Resolution)，指最小模拟输出量(对应数字量仅最低位为"1")与最大量(对应数字量所有有效位为"1")之比。常用输入二进制数的有效位数表示。

(2) 建立时间(Setting Time)，是将一个数字量转换为稳定模拟信号所需的时间，也可以认为是转换时间。

其他指标还有线性度(Linearity)、转换精度、温度系数/漂移等。

7.7.3 D/A 转换器的典型应用

(1) 波形发生器。

(2) 数控稳压电源。

(3) 数字式可编程增益衰减器。

(4) 数字式可编程增益放大器。

下面以 8 位 D/A 芯片 DAC0832 为例，介绍其在 MCS-51 单片机系统中的应用以及基于 C51 语言的程序设计。

7.7.4 DAC0832 的结构及工作原理

1. DAC0832 芯片概述

DAC0832 是采用 CMOS 工艺制成的单片直流输出型 8 位数/模转换器，是使用非常普遍的 8 位分辨率的 D/A 转换集成芯片，它由倒 **T** 型 **R-2R** 电阻网络、模拟开关、运算放大器和参考电压 VREF 四大部分组成，如图 7-35 所示，它与微处理器完全兼容。该芯片以其价格低廉、接口简单、转换控制容易等优点，在单片机系统中得到非常广泛的应用。

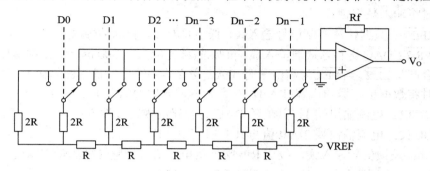

图 7-35　DAC0832 组成图

2. DAC0832 的主要特性参数

(1) 8 位分辨率。

(2) 电流稳定时间 1 μs。

(3) 可单缓冲、双缓冲或直接数字输入。

(4) 只需在满量程下调整其线性度。

(5) 单一电源供电(+5 V～+15 V)。

(6) 低功耗：20 mW。

3. DAC0832 的结构和引脚

DAC0832 转换器由 8 位输入锁存器、8 位 DAC 寄存器、8 位 D/A 转换器及转换控制电路构成，如图 7-36 所示。

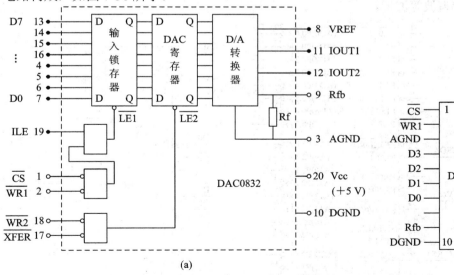

(a)　　　　　　　　　　　　　　　　　(b)

图 7-36　DAC0832 的结构和引脚

(1) D0～D7：8 位数据输入线，有效时间应大于 90 ns。

(2) ILE：数据锁存允许控制信号输入线，高电平有效。

(3) $\overline{\text{CS}}$：片选信号输入线(选通数据锁存器)，低电平有效。

(4) $\overline{\text{WR}1}$：数据锁存器写选通输入线，负脉冲(脉宽应大于 500 ns)有效。由 ILE、$\overline{\text{CS}}$、$\overline{\text{WR}1}$ 的逻辑组合产生 $\overline{\text{LE}1}$。当 $\overline{\text{LE}1}$ 为高电平时，数据锁存器状态随输入数据线变换，$\overline{\text{LE}1}$ 的负跳变时将输入数据锁存。

(5) $\overline{\text{XFER}}$：数据传输控制信号输入线，低电平有效，负脉冲(脉宽应大于 500 ns)有效。

(6) $\overline{\text{WR}2}$：DAC 寄存器选通输入线，负脉冲(脉宽应大于 500 ns)有效。由 $\overline{\text{WR}1}$、$\overline{\text{XFER}}$ 的逻辑组合产生 $\overline{\text{LE}2}$。当 $\overline{\text{LE}2}$ 为高电平时，DAC 寄存器的输出随寄存器的输入而变化，$\overline{\text{LE}2}$ 的负跳变时将数据锁存器的内容打入 DAC 寄存器并开始 D/A 转换。

(7) IOUT1：电流输出端 1，其值随 DAC 寄存器的内容线性变化。

(8) IOUT2：电流输出端 2，其值与 IOUT1 值之和为一常数。

(9) Rfb：反馈信号输入线，改变 Rfb 端外接电阻值可调整转换满量程精度。

(10) Vcc：电源输入端，Vcc 的范围为+5 V～+15 V。

(11) VREF：基准电压输入线，VREF 的范围为−10 V～+10 V。

(12) AGND：模拟信号地。

(13) DGND：数字信号地。

4. DAC0832 的工作方式

根据 DAC0832 的数据锁存器和 DAC 寄存器的不同的控制方式，DAC0832 有三种工作方式：直通方式、单缓冲方式和双缓冲方式。下面以直通方式为例来介绍 DAC0832 的使用。

7.7.5　DAC0832 直通方式应用接口及其程序设计

在图 7-37 中，DAC0832 采用直通的工作方式，将 $\overline{\text{XFER}}$ 和 $\overline{\text{WR}2}$ 管脚全部接地，管脚 8 接参考电压，在此参考电压是+5 V。控制 P0 口输出数据有规律地变化，将可以产生三角波、锯齿波、梯型波等波形。

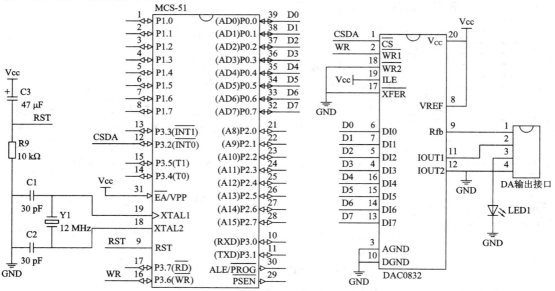

图 7-37　直通方式下单片机和 DAC0832 的连接示意图

直通方式下 DAC0832 的程序设计。

```
/***************************************************************
* 程序描述：随着传送给 D/A 的数字量的不断增加，其转换成模拟量的电流也不断地
增大，我们可以观察到发光二极管 D12 从暗变亮、熄灭，循环往复
***************************************************************/
#include<reg51.h>              //加载 C51 头文件
sbit    WR_DA = P3^6;          // D/A 写数据
sbit    CS_DA = P3^2;          // D/A 片选
unsigned char a,j,k;
/****************
* 延时函数
****************/
void delay(unsigned char i)
{
for(j = i; j > 0; j--)
    for(k = 125; k > 0; k--);
}
/***************
*主函数
****************/
void main()
{
  CS_DA = 0;
  a = 0;
  WR_DA = 0;
while(1)
{
    P0 = a;                    //给 a 不断地加 1，然后送给 D/A
    delay(50);                 //延时 50 ms，再加 1，送给 D/A
    a++;
}
}
```

7.8　单线温度传感器 DS18B20 的程序设计

在工农业领域中的各种控制现场，经常需要对现场的温度信号进行测量和控制，除了使用传统的热敏电阻外，近来基于单总线的温度传感器 DS18B20 得到了广泛的应用，其主要优点是其和单片机的连接只需一根信号线，且可编程对其进行控制。

单片机系统除了可以对电信号进行测量外，还可以通过外接传感器对温度信号进行测量。传统的温度检测大多以热敏电阻为传感器，但热敏电阻可靠性差，测量的温度不够准确，且必须经专门的接口电路转成数字信号后才能被单片机处理。DS18B20 是一种集成数字温度传感器，采用单总线与单片机连接即可实现温度的测量。

7.8.1 DS18B20 的工作原理

DS18B20 是美国 DALLAS 公司生产的第一片支持"单总线"接口的温度传感器，其具有微型化、低功耗、高性能、抗干扰能力强等特点，能直接将温度转化成数字信号，其各项特性指标见表 7-17。

表 7-17 DS18B20 的特性指标

性能	参数	备注
电源	范围在 3.0～5 V，并可工作在由数据线供电的寄生电源方式	
测温范围	-55℃～+125℃，在-10℃～+85℃时精度为±0.5℃	
分辨率	9～12 位，分别有 0.5℃、0.25℃、0.125℃和 0.0625℃	程序控制
转换速度	9 位分辨时，小于 93.75 ms；12 位时，小于 750 ms	
总线连接点	小于 8 个	

1. 封装及功能

根据应用领域不同，DS18B20 有 TO-92、SOP8 等封装形式，如图 7-38 所示。TO-92 封装的引脚功能如表 7-18 所示。

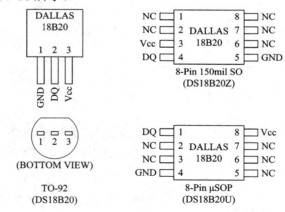

图 7-38 DS18B20 的外形及引脚排列

表 7-18 TO-92 封装外形下的 DS18B20 引脚功能描述

序号	名称	功　能
1	GND	电源地
2	DQ	信号输入/输出引脚
3	V_{CC}	电源

2. 工作原理

DS18B20 的内部框图如图 7-39 所示，包括温度传感器、64 位 ROM 和单线接口、存放中间数据的高速缓存器、用于存储用户设定的温度上/下限值的触发器、存储和控制逻辑、8 位循环冗余校验码发生器等 7 部分。

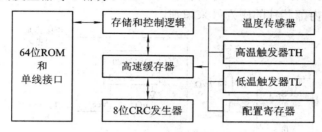

图 7-39　DS18B20 内部框图

高速缓存器 RAM 由 9 个字节的存储器组成，如表 7-19 所示。

表 7-19　高速缓存 RAM

字节地址编号	寄存器内容	功　　能
0	温度低位(LSB)	高 5 位是温度的正、负符号，低 3 位为温度的高位
1	温度高位(MSB)	高 4 位为温度的低位，低 4 位为温度小数部分
2	用户字节 1	设置温度上限
3	用户字节 2	设置温度下限
4	配置寄存器	
5	保留	
6	保留	
7	保留	
8	CRC 校验值	CRC=X^8+X^5+X^4+1

DS18B20 中的温度传感器完成对温度的测量，通过 16 位符号扩展的二进制补码读数形式提供，以 0.0625℃/LSB 形式表达，如表 7-20 所示。

表 7-20　数值和温度对照表

温度(十进制数)	温度(二进制数)	温度(十六进制数)
+125℃	0000 0111 1101 0000	07D0
+85℃	0000 0101 0101 0000	0550
+25.0625℃	0000 0001 1001 0001	0191
+10.125℃	0000 0000 1010 0010	00A2
+0-5℃	0000 0000 0000 1000	0008
0℃	0000 0000 0000 0000	0000
-0.5℃	1111 1111 1111 1000	FFF8
-10.125℃	1111 1111 0101 1110	FF5E
-25.0625℃	1111 1110 0110 1111	FE6F
-55℃	1111 1100 1001 0000	FC90

3. 硬件连接

图 7-40 的接法是单片机与一个 DS18B20 通信，只需一个 I/O 口就能控制 DS18B20。为了增加单片机 I/O 口驱动的可靠性，总线上接有上拉电阻。如果要控制多个 DS18B20 进行温度采集，只要将所有 DS18B20 的 DQ 端全部连接到总线上就可以了，在操作时，通过读取每个 DS18B20 内部芯片的序列号来识别。

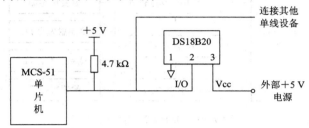

图 7-40　单片机与一个 DS18B20 通信

7.8.2　DS18B20 的工作时序

读写 DS18B20 对单总线有严格的时序要求，在编程对其的温度进行读写时，需经过初始化、读数据、写数据等过程，时序如图 7-41 所示。

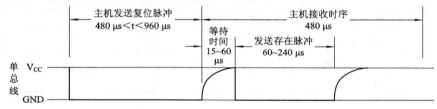

图 7-41　DS18B20 的初始化时序

1. 初始化

初始化时序见图 7-41，是单片机检测 DS18B20 的存在并为下一步读写数据作准备，DS18B20 的初始化操作步骤如下：

(1) 数据线置 1。

(2) 数据线置 0，再延时 750 μs(时间范围可以为 480～960 μs)。

(3) 数据线置 1。如果单片机 P2.0 接 DS18B20 的数据口，则 P2.0 此时置为高，释放单片机对总线的管理权，此时，P2.0 的电平状态由 DS18B20 的数据输出决定。

(4) 延时等待。如果初始化成功，则在 15～60 μs 总线上产生一个由 DQ 端返回的低电平，根据该状态可以确定它的存在，但不能无限地等待，否则会使程序进入死循环，所以要进行超时判断。

(5) 若单片机读到数据线上的高电平后，说明 DS18B20 存在并响应了，再进行一次延时，从(第(5)步的时间算起)最少要 480 μs。

(6) 将数据线再次拉到高，结束初始化步骤。

从上述初始化过程来看，如要对 DS18B20 进行操作必须先证实其存在，在 DS18B20 响应后，单片机才能进行后续的操作。

2. 对 DS18B20 写数据

(1) 数据线先置低，数据发送的起始信号，其时序如图 7-42 所示。

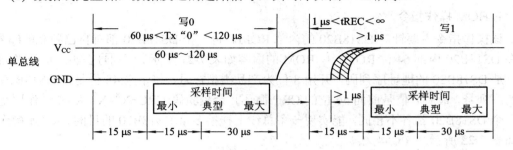

图 7-42　DS18B20 写时序

(2) 延时 15 μs。

(3) 按低位到高位顺序发送数据。

(4) 延时时间为 45 μs，等待 DS18B20 接收。

(5) 数据线拉高，单片机释放总线。

(6) 重复(1)～(5)步骤，直至发完整个字节。

(7) 最后拉高数据线，释放总线。

3. DS18B20 读数据

(1) 将数据线拉高，时序如图 7-43 所示。

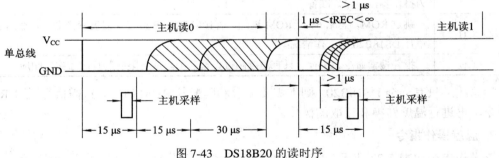

图 7-43　DS18B20 的读时序

(2) 延时 2 μs。

(3) 将数据线拉低。

(4) 延时 6 μs，该时间比写数据时间要短。

(5) 将数据线拉高，释放总线。

(6) 延时 4 μs。

(7) 读数据线的状态进行数据处理。

(8) 延时 30 μs。

(9) 重复(1)～(8)步骤，直到读取完一个字节。

要对其进行编程，必须在熟悉其操作时序后才能进行，由于 DS18B20 有器件编号，温度数据有低位、高位，另外还有温度的上、下限，因此 DS18B20 提供了自己的指令。

7.8.3 DS18B20 指令

1. ROM 操作指令

该操作指令主要针对 DS18B20 的内部 ROM。每一个 DS18B20 都有自己独立的编号，放在 DS18B20 内部 64 位 ROM 中，ROM 的内容如表 7-21 所示。序列号在出厂前已经固化好，是 DS18B20 的地址序列码，开始 8 位为产品类型标号，接下来 48 位是该 DS18B20 自身的序列号，最后 8 位是前面 56 位的 CRC 循环冗余校验码(CRC=X^8+X^5+X^4+1)，作用是使每一个 DS18B20 都各不相同，能实现一条总线上挂接多个 DS18B20 的目的。ROM 操作指令如表 7-22 所示。

表 7-21　64 位 ROM 定义

8 位 CRC 码	48 位序列号	8 位产品类型标号

表 7-22　DS18B20 的 ROM 指令

指令代码	作　　用
33H	读 ROM。读温度传感器 ROM 中的编码(即 64 位地址)
55H	匹配 ROM。此命令发出之后，接着发 64 位 ROM 编码，访问总线上与该编码相对应的 DS18B20，并使之作出响应，为下一步对该 DS18B20 的读/写作准备
0F0H	搜索 ROM。用于确定挂接在同一总线上 DS18B20 的个数，识别 64 位 ROM 地址，为操作各器件作好准备
0CCH	跳过 ROM。忽略 64 位 ROM 地址，直接向 DS18B20 发送温度变换命令，适用于单片 DS18B20 的工作情况
0ECH	报警搜索命令。执行后只有温度超过设定值上限或下限的芯片时才作出响应

如总线上只有一个 DS18B20，则不需要读取和匹配其 ROM 编码，只需执行跳过 ROM 的命令，再进行温度转换和读取的操作。

2. 温度操作指令

该操作指令如表 7-23 所示。DS18B20 温度数值默认为 16 位，低 11 位为温度值，高 5 位为符号位。在读取其数据时，依次从高速寄存器第 0、1 地址读 2 字节共 16 位，然后将低 11 位的二进制数转换为实际温度值。0 地址对应的 1 个字节的前 5 位为符号位，前 5 位为 1 时，温度为负值；前 5 位为 0 时，温度为正值，在温度为正值时，将测得的数值乘以 0.0625 就可得到实际温度值。

表 7-23　温度操作指令

指令代码	作　　用
44H	温度转换启动指令
0BEH	读取温度转换结果指令
4EH	写上、下限温度数据命令
48H	数据复制指令，将 RAM 中字节内容复制到 E^2PROM
0B8H	将 E^2PROM 中内容恢复到 RAM 中的第 3、4 字节
0B4H	读取 DS18B20 的供电模式指令

7.8.4　电路原理图

　　MCS-51 单片机和 DS18B20 的硬件连接图如图 7-44 所示，单片机的 P1.0 和 DS18B20 的数据口相连接。并通过 P1.0 口对 DS18B20 进行初始化，转换后的数字温度值通过 P1.0 口传给单片机。

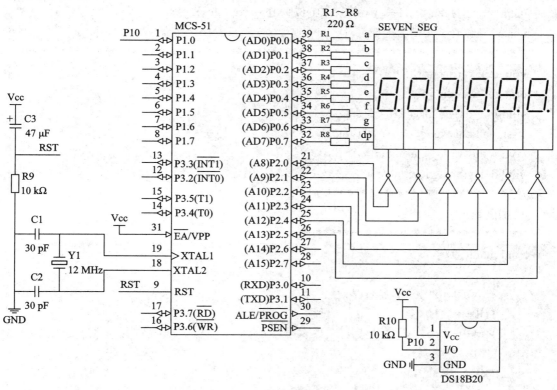

图 7-44　DS18B20 硬件连接图

7.8.5　程序设计

　　编程思路：首先单片机通过 I/O 口调用初始化函数 init_ds18b20(void)对 DS18B20 按照初始化时序进行初始化，启动温度的转换，再将转换后的数字传给单片机。单片机通过计算将数字温度转换成实际的温度值，通过数码管显示出来。数码管显示采取在定时器 0 中动态显示，P0 端驱动共阳极七段数码管，P2.0～P2.5 端通过非门接共阳极数码管的公共端。应用程序如下：

```
// DS18B20 单线温度检测的应用样例程序，精确到小数点后一位
#include<reg51.h>
#define    uchar unsigned char
#define    uint    unsigned int;
sbit    DQ=P1^0;
sbit    jdq=P2^6;
```

```
uint    temp,t;
float   tt;
uchar flag_get,count,num,minute,second,cnt;
uchar code tab[]={0xc0,0xf9,0xa4,0xb0,0x99,0x92,0x82,0xf8,0x80,0x90};/*数码管段码
                                                                     表共阳*/

uchar code seven_bit[] = {0xdf,0xef,0xf7,0xfb,0xfd,0xfe};
uchar   str[4];
/*******************************************************************/
void delay1(uchar MS);
uint get_wendu(void);
void init_ds18620(void);
unsigned char redd_one_byte(void);
void write_one_byte(unhar dat);
void delay(unsigned int i);
/******************************
*  主函数
******************************/
void main()
{
    TMOD|=0x01;   //定时器设置
    TH0=0xef;
    TL0=0xf0;
    IE=0x82;
    TR0=1;
    count=0;
while(1)
{
    if(flag_get==1)    //定时读取当前温度
    {
        temp=get_wendu();
        delay(200);
        flag_get=0;
        str[3]=tab[temp/1000];
        if(str[3]==0xc0)str[3]=0xff;    //如果小于 100 度，则百位不显示
        str[2]=tab[temp%1000/100];      //十位温度
        str[1]=tab[temp%100/10]&0x7f;     //个位温度
        str[0]=tab[temp%10];
    }
  }
```

```
}
```

```
/*******************************
* 定时器中断函数
* 用于数码管扫描和温度检测间隔
*******************************/
void timer0(void) interrupt 1
{
TR0 = 0;
TH0 = (65536-2000)/256;      //定时器重装值
TL0 = (65536-2000)%256;
TR0 = 1;
num++;
if (num==50)
    {
        num = 0;
    flag_get = 1;      //标志位有效
    }
    count++;
    if(count>=4)
        count = 0;
    P2 = seven_bit[count];
    P0 = str[count];
}
```

```
/*********************
* 延时函数
*********************/
void delay(unsigned int i)
{
 while(i--);
}
```

```
/****************************
* DS18B20 初始化函数
****************************/
void init_ds18b20(void)
{
 unsigned char x = 0;
 DQ = 1;      //DQ 复位
 delay(8);  //稍作延时
 DQ = 0;      //单片机将 DQ 拉低
```

```
     delay(80); //精确延时，大于  480 μs
     DQ = 1;        //拉高总线
     delay(10);
     x=DQ;            //稍作延时后，如果 x=0 则初始化成功，x=1 则初始化失败
     delay(5);
}
```

```
/*****************************
*   读一个字节函数
*****************************/
unsigned char read_one_byte(void)
{
unsigned char i = 0;
unsigned char dat = 0;
for (i=8;i>0;i--)
  {
   DQ = 0;        //  给脉冲信号
   dat>>=1;
   DQ = 1;        //  给脉冲信号
   if(DQ)
     dat |= 0x80;
   delay(5);
  }
  return(dat);
}
```

```
/*****************************
*   写一个字节函数，先写低位
*****************************/
void write_one_byte(uchar dat)
{
 unsigned char i=0;
 for (i=8; i>0; i--)
  {
   DQ = 0;
   DQ = dat&0x01;
   delay(5);
   DQ = 1;
   dat>>=1;
  }
delay(5);
```

```
}
/*******************************
*   读取温度函数
*******************************/
uint get_wendu(void)
{
unsigned char a=0;
unsigned char b=0;
init_ds18b20();
write_one_byte(0xCC)     // 跳过读序号列号的操作
write_one_byte(0x44);    // 启动温度转换
delay(200);
init_ds18b20();          //重新初始化 DS18B20
write_one_byte(0xcc)     //跳过读序号列号的操作
write_one_byte(0xbe);    //读取前两个温度寄存器等(共可读 9 个寄存器)就是温度
a=read_one_byte();       //读温度值低位
b=read_one_byte();       //读温度值高位
t=b;
t<<=8;
t=t|a;
tt=t*0.0625;             //12 位分辨率，乘以 0.0625 后为温度值
t=tt*10+0.5;             //放大 10 倍输出并四舍五入
return(t);
}
```

程序分析：

该程序能显示精确到小数点后一位的温度值，如果温度小于 100 摄氏度时，其百分位自动不显示。

7.9 看门狗监控芯片 X25045 的程序设计

7.9.1 看门狗监控概述

由单片机组成的系统在工作中会受到环境电磁场的干扰，使系统不能正常的工作，容易发生不可预料的后果，因此需要对单片机的运行情况进行监控，执行此功能的芯片称为看门狗监控芯片。俗称看门狗。

看门狗芯片 X25045 是集成了 E^2PROM、电压监控、看门狗定时器等三种功能的集成电路，采用该芯片能简化电路的硬件设计，提高可靠性，减小电路板的面积，降低系统整体成本，是一款常用的看门狗芯片。

7.9.2 X25045 的外形及引脚说明

X25045 的外形如图 7-45 所示。

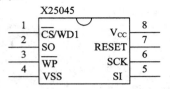

图 7-45　X25045 的外形图

其各个引脚功能描述如表 7-24 所示。

表 7-24　X25045 的引脚功能

序号	名称	功能描述
1	$\overline{CS}$/WD1	片选信号，低电平有效
2	SO	数据串行输出
3	$\overline{WP}$	写保护输入。低电压有效
4	VSS	地
5	SI	串行输入，数据或命令由此引脚逐位写入 X25045
6	SCK	串行时钟输入，上升沿将数据或命令写入，下降沿将数据输出
7	RESET	复位输出，高电平有效
8	V_{CC}	电源电压

7.9.3 X25045 的工作原理及结构

X25045 内含 512×8 位串行 E^2PROM，可直接与微控制器的 I/O 口串行相接。X25045 内有一个 8 位指令寄存器，通过 SI 来访问。在 SCK 的上升沿数据由时钟同步输入，整个工作期间，$\overline{CS}$ 必须为低电平且 $\overline{WP}$ 必须为高电平。如果在预置的时间内没有检测到总线的活动，则 X25045 输出复位信号。

在执行写操作之前必须置位 X25045 内部的写使能锁存器，写周期完成后，芯片自动复位该锁存器。另外，X25045 的状态信息和超时功能的设置由内部的状态寄存器来控制。

看门狗定时器的预置时间通过 X25045 的状态寄存器来设定。如表 7-25 所示，X25045 状态寄存器共有 6 位有含义，其中 WD1、WD0 与看门狗电路有关，其余位和 E^2PROM 的设置有关。

表 7-25　X25045 的状态寄存器

D7	D6	D5	D4	D3	D2	D1	D0
X	X	WD1	WD0	BL1	BL0	WEL	WIP

其中和看门狗有关的 D5、D4 的组合如下：

WD1 ＝ 0，WD0 = 0;　//预置时间为 1.4 s;

WD1 ＝ 0，WD0 = 1;　//预置时间为 0.6 s;

WD1 ＝ 1，WD0 = 0;　//预置时间为 0.2 s;

WD1 ＝ 1，WD0 = 1;　//禁止看门狗工作。

　　WIP：写操作标志位，为 1 表示内部有一个写操作正在进行，为 0 表示空闲，该位为只读；WEL：写操作允许标志位，为 1 表示允许写，为 0 表示禁止写，该位为只读；BL0、BL1：内部保护区间的地址选择，被保护的区间不能进行看门狗的定时编程。

　　看门狗电路的定时时间由具体应用程序的循环周期决定，通常大于系统的最大周期即可。编程时，在合适的地方加一条喂狗指令，从而使看门狗的定时时间达不到预置的时间，系统就不会复位而正常工作。

7.9.4　X25045 的读/写操作及其程序设计

　　(1) X25045 在读/写操作之前，需要先向它发出指令，指令名及指令格式如表 7-26 所示。

表 7-26　X25045 指令及其含义

指令名	指令格式	操　作
WREN	0000 0110	设置写使能锁存器(允许写操作)
WRDI	0000 0100	复位写使能锁存器(禁止写操作)
RDSR	0000 0101	读状态寄存器
WRSR	0000 0001	写状态寄存器
READ	0000 $A_8$011	把开始于所选地址的寄存器中的数据读出
WRITE	0000 $A_8$010	把数据写入开始于所选地址的寄存器中

　　(2) 读 E^2PROM 的时序和 X25045 的读时序如图 7-46 所示。

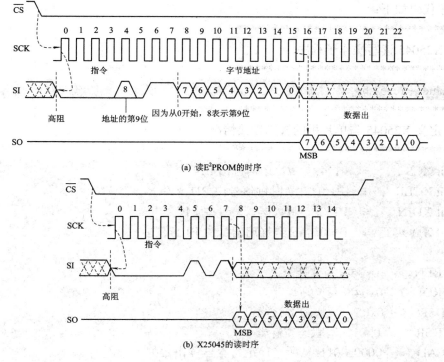

(a) 读E^2PROM的时序

(b) X25045的读时序

图 7-46　X25045 的读时序

(3) 写使能锁存器的时序和 X25045 的写时序如图 7-47 所示。

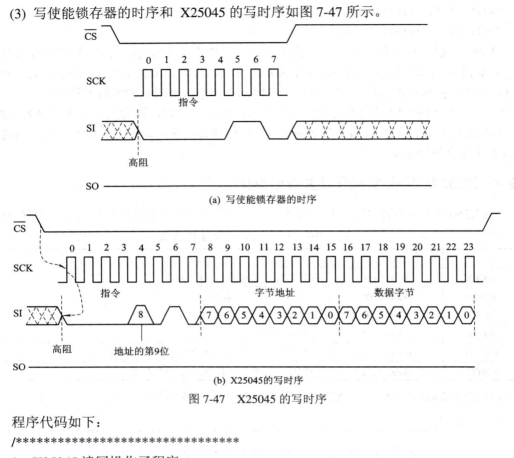

(a) 写使能锁存器的时序

(b) X25045的写时序

图 7-47　X25045 的写时序

程序代码如下：

```
/*****************************
*   X25045 读写操作子程序
*****************************/
#include <reg51.h>
/*****************************
*   定义 X25045 与单片机的管脚连接情况
*****************************/
sbit XCS    =  P1^4;   //片选信号由 P14 产生
sbit XCLK   =  P1^1;   //时钟信号由 P11 产生
sbit XDIN   =  P1^2;   //数据入信号由 P12 产生
sbit XDOUT  =  P1^0;   //数据出信号由 P10 产生


//WREN    0x06   写使能
//WRDI    0x04   复位写使能
//RDSR    0x05   读状态寄存器
//WRSR    0x01   写状态寄存器
//READ    0000a8011  从所选地址寄存器读出数据
```

//WRITE 　　　0000a8010　从所选地址寄存器写入数据

```
/*******************************
*    X25045 写操作子程序
*******************************/
void x25045w(unsigned char x25045)
{
    unsigned char data i;
    for(i=8;i>0;i--)
    {
        XCLK = 0;
        XDIN = x25045 & 0x80;
        XCLK = 1;
        x25045 = x25045<<1;
    }
    XDIN = 0;
}
/*******************************
*    X25045 读操作子程序
*******************************/
unsigned char x25045r(void)
{
    unsigned char result=0,i;
    bit rx_flag;
    for(i=8;i>0;i--)
    {
        XCLK = 1;
        XCLK = 0;
        result = result<<1;
        rx_flag = XDOUT;
        if(rx_flag) result = result | 0x01;
    }
    return(result);
}
/**********************************
*    X25045 读状态寄存器
**********************************/
unsigned char xrdsr(void)
{
    unsigned char tData;
```

```
        XCS = 0;
        x25045w(0x05);                  // 0x05 使能读状态寄存器
        tData = x25045r();
        XCS = 1;
        return(tData);
}
```

```
/********************************
 *   X25045 写使能复位子程序
 ********************************/
void xwrdi(void)
{
        while(xrdsr() & 0x01);
        XCS = 0;
        x25045w(0x04);
        XCS = 1;
}
```

```
/********************************
 *   X25045 写使能操作子程序
 ********************************/
void xwren(void)
{
        while(xrdsr() & 0x01);
        XCS = 0;
        x25045w(0x06);
        XCS = 1;
}
```

```
/************************************************************************
 *   X25045 写状态寄存器操作子程序
 ************************************************************************/
void xwrsr(unsigned char xw_byte)
{
        xwren();
        while(xrdsr() & 0x01);
        XCS = 0;
        x25045w(0x01);
        x25045w(xw_byte);
        XCS = 1;
}
```

```
/**********************************************
```

*　写数据字节到 X25045 中子程序

**/

```c
void xwrite(unsigned char xw_flag, unsigned char xw_addr, unsigned char xw_data)
{
    xwren();
    while(xrdsr() & 0x01);
    XCS = 0;
    x25045w(xw_flag);
    x25045w(xw_addr);
    x25045w(xw_data);
    XCS = 1;
}
```

/***

  *　从 X25045 中读数据字节子程序

**/

```c
unsigned char xread(unsigned char xr_flag, unsigned char xr_addr)
{
    unsigned char tData;
    while(xrdsr() & 0x01);
    XCS = 0;
    x25045w(xr_flag);
    x25045w(xr_addr);
    tData = x25045r();
    XCS = 1;
    return(tData);
}
```

在程序正常运行的时候，应该在适当的地方加一条喂狗指令，使系统正常运行时的定时时间达不到预置时间，系统就不会复位。喂狗程序如下。

/***

  *　X25045 喂狗子程序

**/

```c
void main()
{
    -----------------;          //系统正常运行的程序部分
    {
        XCS = 0;                //产生 CS 脉冲
        XCS = 1;
    }
}
```

7.10 步进电机的原理与应用

步进电机能将电脉冲信号转换成角位移的机电执行元件。给其一个电脉冲信号，其就按设定的方向转动一个固定的角度，称为一步，所以称为步进电机。通过控制电脉冲信号的数量来控制其位移量，实现精确定位。通过控制电脉冲信号的频率控制电机的速度，从而实现调速的功能。

7.10.1 步进电机概述

两个步进电机的实物如图 7-48 所示，作为一种数字控制元件，步进电机具有结构简单、运行可靠、控制方便、控制性能好等优点。使得它被广泛应用在数控机床、机器人、自动化仪表等领域。

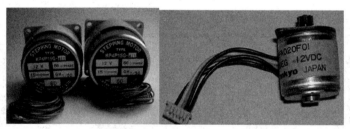

图 7-48 步进电机实物图

步进电机必须由双环形脉冲信号、功率驱动电路等组成控制系统方可使用，因此用好它需要具备机械、电机、电子等许多专业知识。

7.10.2 步进电机的驱动及控制系统的组成

1. 步进电机的驱动

其有三种驱动方式：

(1) 使用专用的电机驱动模块，如 FT5754、L298N 等，好处是接口简单，操作方便。

(2) 利用三极管自己搭建驱动电路，缺点是麻烦，可靠性降低。

(3) 使用达林顿驱动器 ULN2003，最多可一次驱动八线步进电机。

2. 步进电机的控制系统(如图 7-49 所示)

(1) 脉冲信号的产生。

脉冲信号一般由单片机或 CPU 产生，一般脉冲信号的占空比为 0.3~0.4，脉冲占空比越大、转速越高。

(2) 信号分配。

以二、四相步进电机为主，有二相四拍和二相八拍两种工作方式。

(3) 功率放大。

驱动系统的重要部分是功率放大。在一定转速下步进电机的转矩取决于它的动态平均电流。

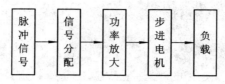

图 7-49　步进电机控制系统框图

7.10.3　应用实例

本案例实现 MCS-51 对步进电机的正转、反转、停止等操作，其与 MCS-51 单片机的接连如图 7-50 所示。图中 S1 按键按下实现步进电机的正转，S2 按键按下实现步进电机的反转，S3 按键按下实现步进电机的停止。下面是 MCS-51 单片机对步进电机进行操作控制的 C 语言程序代码。

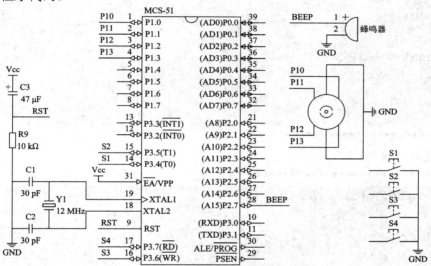

图 7-50　步进电机和 MCS-51 单片机的连接示意图

```
/****************************************************************
* 程序描述：按键控制步进电机正、反转控制器(引用端口：电机接 P1.0～P1.3)
* 步进电机步进角为 7.5°，一圈 360°(P3.4 正转，P3.5 反转，P3.7 停止， P2.7 喇叭)
* 双四拍工作方式：AB-BC-CD-DA(即一个脉冲，转 7.5°)
* 单双八拍工作方式：A-AB-B-BC-C-CD-D-DA(即一个脉冲，转 3.75°)
* 取数工作周期，步进电机转 30°
* 步进电机转一圈需要 12 个取数工作周期
****************************************************************/
#include <reg51.h>        //MCS-51 芯片管脚定义头文件
#define uchar unsigned char
#define uint   unsigned int
uchar code ZHENGZHUAN[8]={0xf1,0xf3,0xf2,0xf6,0xf4,0xfc,0xf8,0xf9};
uchar code FANZHUAN[8]={0xf9,0xf8,0xfc,0xf4,0xf6,0xf2,0xf3,0xf1};
sbit   S1     = P3^4;           //正转
```

```
sbit  S2    = P3^5;          //反转
sbit  S3    = P3^6;
sbit  S4    = P3^7;          //停止
sbit  BEEP = P2^7;           //蜂鸣器
```

```
/*******************************************************
*  延时 t ms
*  12 MHz 时钟，延时约 1 ms
*******************************************************/
void delay(uint t)
{
    uint k;
    while(t--)
    {
        for(k=0; k<110; k++)
        { }
    }
}
```

```
/*************************
*    延时函数
*****************************/
void delayB(uchar x)        //x × 0.14 ms
 {
    uchar i;
    while(x--)
    {
        for (i=0; i<13; i++)
        { }
    }
 }
```

```
/*******************************************************/
void beep()
 {
    uchar i;
    for (i=0;i<100;i++)
     {
        delayB(4);
        BEEP=!BEEP;                      //BEEP 取反
     }
```

```
        BEEP=1;                          //关闭蜂鸣器
    }
/*****************************************************/
*   步进电机正转函数
/*****************************************************/
void    DIANJI_ZHENGZHUAN()
  {
    uchar i;
    uint   j;
    for (j=0; j<12; j++)              //转 1×n 圈
      {
        if(S4==0)
        {break;}                     //退出此循环程序
        for (i=0; i<8; i++)          //一个周期转 30°
          {
            P1 = ZHENGZHUAN[i];           //取数据
            delay(15);               //调节转速
          }
      }
  }

/********************************
*   步进电机反转函数
********************************/
void    DIANJI_FANZHUAN()
{
    uchar i;
    uint   j;
    for (j=0; j<12; j++)             //转 1×n 圈
      {
        if(S4==0)
         {break;}                    //退出此循环程序
        for (i=0; i<8; i++)          //一个周期转 30 度
          {
            P1 = FANZHUAN[i];             //取数据
            delay(15);               //调节转速
          }
      }
  }

/*************************
```

```
*      主程序
****************************/
void main()
  {
      uchar r,N=5;                    //N 步进电机运转圈数
    while(1)
    {
        if(S1==0)
        {
          beep();
          for(r=0;r<N;r++)
            {
                DIANJI_ZHENGZHUAN();        //电机正转
                if(S4==0)
                {beep();break;}       //退出此循环程序
            }
        }
        else if(S2==0)
          {
            beep();
            for(r=0;r<N;r++)
              {
                DIANJI_FANZHUAN();          //电机反转
                if(S4==0)
                {beep();break;}       //退出此循环程序
              }
          }
        else
          P1 = 0xf0;
    }
  }
```

程序分析：

(1) void DIANJI_ZHENGZHUAN()和 void DIANJI_FANZHUAN()两个函数分别是实现电机正转和反转的控制函数。

(2) 数组 ZHENGZHUAN[8] 和 FANZHUAN[8]是控制电机转动的指令。

本 章 小 结

本章介绍了单片机常见外设器件的编程，给出了详细的编程过程及注释，很多程序只需

作简单修改后都可以直接使用，大大方便了读者的学习和工作需要。这些外设主要包括：数码管的动态显示、4×4 矩阵键盘、RTC 芯片 DS1302、I²C 芯片 AT24C04、看门狗芯片 X25045、液晶显示芯片 LCD1602，以及 AD 串行芯片 TLC549 和 DA 芯片 DA0832 等。

本章是 MCS-51 单片机外部扩展资源的综合应用，在应用过程中重点要求掌握各种接口技术的 C 语言编程原理，尤其是对器件的时序图的理解，并在理解的基础上能够独立编写出器件的初始化程序，并在实际应用中能够灵活应用。

习　题

1. 电路如习题图 1 所示，试用 AT89S51 单片机编写一个按键符号显示程序，其晶体振荡频率为 12 MHz，要求 P3 口作为 4×4 矩阵键盘的输入，P0 口作为输出，并在数码管上显示每个按键的"0～F"符号。

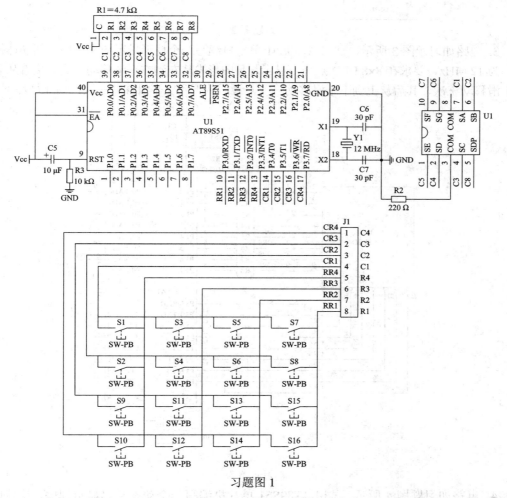

习题图 1

2. 电路如习题图 2 所示，试用 AT89S51 单片机编写一个产生"嘀、嘀、……"的报警声程序，其晶体振荡频率为 12 MHz，要求从 P1.0 端口输出频率为 1 kHz 的方波信号作为其报警驱动信号。

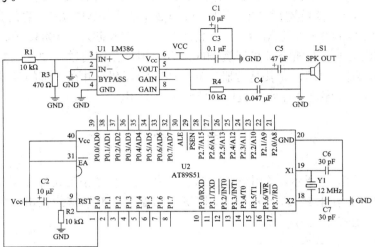

习题图 2

3. 电路如习题图 3 所示，试用 AT89S51 单片机编写一个柱形显示图形程序，其晶体振荡频率为 12 MHz，要求在 8×8 LED 点阵上显示，且图形先从左到右平滑移动三次，接着从右到左平滑移动三次，其后从上到下平滑移动三次，最后从下到上平滑移动三次，如此循环下去。

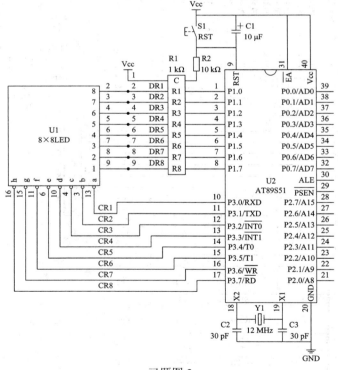

习题图 3

4. 电路如习题图 4 所示，试用 AT89S51 单片机编写一个动态数码显示程序，其晶体振荡频率为 12 MHz，要求 P0 口接动态数码管的段选择端，P2 口接动态数码管的位选择端，P1.7 接一个开关，当开关接通高电平时，显示"12345"字样；当开关接通低电平时，显示

"HELLO"字样。

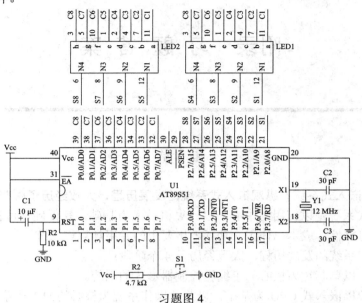

习题图 4

5. 电路如习题图 5 所示，试用 AT89S51 单片机设计一个数字钟显示程序，其晶体振荡频率为 12 MHz，要求开机时显示 12:00:00，并从其时间开始计时，P0.0 控制"秒"的调整，每按一次加 1 秒；P0.1 控制"分"的调整，每按一次加 1 分；P0.2 控制"时"的调整，每按一次加 1 个小时；P1.0～P1.7 端口作为"动态数码显示"的段选；P3.0～P3.7 端口作为"动态数码显示"的位选。

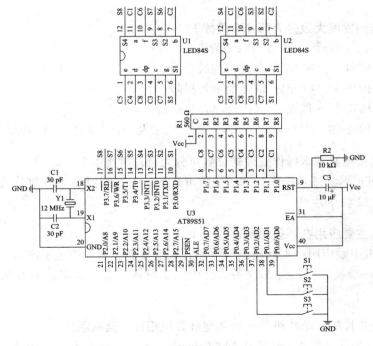

习题图 5

附录 习题答案

第 1 章

1. 什么是嵌入式系统？纵观嵌入式系统的发展历程，大致经历了哪些阶段？

解： 嵌入式系统是以应用为中心，以计算机技术为基础，软件硬件可裁剪，适应应用系统对功能、可靠性、成本、体积、功耗严格要求的专用计算机系统。

纵观嵌入式系统的发展历程，大致经历了 4 个阶段：

第 1 阶段：以单芯片为核心的可编程控制器形式的系统。

第 2 阶段：以嵌入式 CPU 为基础，以简单操作系统为核心的嵌入式系统。

第 3 阶段：以嵌入式操作系统为标志的嵌入式系统。

第 4 阶段：以互联网为标志的嵌入式系统。

2. 典型嵌入式系统硬件一般有哪些部分组成？

解： 典型嵌入式系统主要包括嵌入式处理器、存储器、操作系统、应用程序和输入/输出设备等部分。

3. 单片机的发展大致分为哪几个阶段？

解： 单片机的发展历史可分为四个阶段：

第一阶段(1974～1976 年)：单片机初级阶段。

第二阶段(1976～1978 年)：低性能单片机阶段。

第三阶段(1978 年～现在)：高性能单片机阶段。

第四阶段(1982 年～现在)：8 位单片机巩固发展及 16 位单片机、32 位单片机推出阶段。

4. 单片机根据其基本操作处理的位数可分为哪几种类型？

解： 单片机根据其基本操作处理的位数可分为：1 位单片机、4 位单片机、8 位单片机、16 位单片机和 32 位单片机。

5. 单片机主要应用在哪些领域？

解： 单片机主要应用在工业检测与控制、仪器仪表、消费类电子产品、通讯行业、武器装备、各种终端及计算机外部设备、汽车电子设备、分布式多机系统和智能机器人等领域。

6. 什么是单片机？单片机与一般微型计算机相比，具有哪些优点？

解： 单片机是在一块集成电路上把 CPU、存储器、定时器/计数器及多种形式的 I/O 接口集成在一起而成的微型计算机。它与通用微型计算机相比具有如下特点：

(1) 单片机的程序存储器和数据存储器是分工的，前者为 ROM，后者为 RAM。

(2) 采用面向控制的指令系统，控制功能强。

(3) 多样化的 I/O 接口，多功能的 I/O 引脚。

(4) 产品系列齐全，功能扩展性强。

(5) 功能是通用的，像一般处理机那样可广泛应用在各个方面。

第 2 章

1．MCS-51 系列单片机的基本芯片分别为哪几种？它们的差别是什么？

解：基本芯片有 8031、8051、8751。

8031 内部包括 1 个 8 位 CPU、128 B RAM、21 个特殊功能寄存器(SFR)、4 个 8 位并行 I/O 口、1 个全双工串行口和 2 个 16 位定时器/计数器，但片内无程序存储器，需外扩 EPROM 芯片。

8051 是在 8031 的基础上，片内又集成有 4 KB ROM，作为程序存储器，是 1 个程序不超过 4KB 的小系统。

8751 是在 8031 的基础上，增加了 4 KB 的 EPROM，它构成了 1 个程序小于 4 KB 的小系统。用户可以将程序固化在 EPROM 中，可以反复修改程序。

2．MCS-51 系列单片机与 80C51 系列单片机的异同点是什么？

解：共同点为它们的指令系统相互兼容。不同点在于 MCS-51 是基本型，而 80C51 采用 CMOS 工艺，功耗很低，有两种掉电工作方式，一种是 CPU 停止工作，其它部分仍继续工作；另一种是除片内 RAM 继续保持数据外，其它部分都停止工作。

3．MCS-51 单片机的片内都集成了哪些功能部件？各个功能部件的最主要的功能是什么？

解：集成了如下功能部件：(1) 1 个微处理器(CPU)；(2) 128 个数据存储器(RAM)单元；(3) 4 KB Flash 程序存储器；(4) 4 个 8 位可编程并行 I/O 口(P0 口、P1 口、P2 口、P3 口)；(5) 1 个全双工串行口；(6) 2 个 16 位定时器/计数器；(7) 一个中断系统，2 个优先级 5 个中断源；(8) 25 个特殊功能寄存器(SFR)。

4．说明 MCS-51 单片机引脚 $\overline{EA}$ 的作用，该引脚接高电平和接低电平时各有何种功能？

解：当 $\overline{EA}$ 脚为高电平时，单片机读片内程序存储器(4 KB Flash)中的内容，但在 PC 值超过 0FFFH(即超出 4 KB 地址范围)时，将自动转向读外部程序存储器内的程序；当 $\overline{EA}$ 脚为低电平时，单片机只对外部程序存储器的地址为 0000H～FFFFH 中的内容进行读操作，单片机不理会片内的 4 KB 的 Flash 程序存储器。

5．MCS-51 的时钟振荡周期和机器周期之间有何关系？

解：12 个时钟振荡周期是 1 个机器周期。

6. 在 MCS-51 单片机中，如果采用 6 MHz 晶振，那么一个机器周期为多少？

解：一个机器周期是 2 μs。

7. MCS-51 单片机运行出错或程序进入死循环，如何摆脱困境？

解：通过复位电路复位。

8. 单片机的复位(RST)操作有几种方法，复位功能的主要作用是什么？

解：单片机的复位操作方式有：1、上电复位；2、手动复位。

复位功能的主要作用是：复位时，PC 初始化为 0000H，使 MCS-51 单片机从 0000H 开始执行程序。

9. 简述程序状态寄存器 PSW 中各位的含义。

解：程序状态字寄存器 PSW，8 位，其各位的意义为：

CY：进位、借位标志。有进位、借位时 CY=1，否则 CY=0。

AC：辅助进位、借位标志(高半字节与低半字节间的进位或借位)。

F0：用户标志位，由用户自己定义。

RS1、RS0：当前工作寄存器组选择位，共有四组：00、01、10、11。

OV：溢出标志位。有溢出时 OV=1，否则 OV=0。

P：奇偶标志位。存于累加器 ACC 中的运算结果有奇数个 1 时 P=1，否则 P=0。

10. 堆栈有哪些功能？堆栈指示器(SP)的作用是什么？在程序设计时，为什么要对 SP 重新赋值？

解：堆栈在中断过程中用来保护现场数据，复位后 SP=7H，而堆栈一般设置在通用 ROM 区(30H-7FH)，在系统初始化时要重新设置。

第 3 章

1. 单片机对中断优先级的处理原则是什么？

解：(1) 低级不能打断高级，高级能够打断低级。

(2) 一个中断已被响应，同级的被禁止。

(3) 同级，按查询顺序，INT0→T0→INT1→T1→串行接口。

2. 中断服务子程序与普通子程序有哪些异同？

解：相同点：都是让 CPU 从主程序转去执行子程序，执行完毕再返回主程序。

不同点：中断服务程序是随机的，而普通子程序是预先安排好的；中断服务子程序以 RETI 结束，而一般子程序以 RET 结束。RETI 除将断点弹回 PC 动作外，还要清除对应的中断优先标志位，以便新的中断请求能被响应。

3. 定时器 T1 的中断响应时间是多少？它与时间的误差是否有关？

解：中断响应时间是指从查询中断请求标志位到转向中断服务程序入口地址所需的机器周期数，一般是 3~8 个机器周期，与时间误差有关，一般情况下中断响应可以不考虑，精确定时的场合应进行调整。

4．单片机定时器/计数器作定时和计数时，其计数脉冲分别由什么来提供？

解：定时：单片机内部，其频率为振荡频率的 1/12。

计数：单片机外部，P3.4(T0)和 P3.5(T1)引脚。

5．MCS-51 单片机定时器/计数器的门控信号 GATE 设置为 1 时，定时器如何启动？

解：GATE 为 1 时，定时器的启动受外部 INT0(INT1)引脚的输入电平控制：当 INT0(INT1)引脚为高电平时，置 TR0(TR1)为 1 时启动定时器/计数器 0(1)工作。

6．MCS-51 单片机内部有几个定时器/计数器？定时器/计数器是由哪些专用寄存器组成的？

解：有 T0 和 T1 两个定时器/计数器。

有两种专用寄存器：工作方式寄存器 TMOD，用于定义 T0 和 T1 的工作模式、选择定时器/计数工作方式以及启动方式等；控制寄存器 TCON，主要用于定时器/计数器 T0 或 T1 的启停控制，标志定时器/计数器的溢出和中断情况。

7．定时器/计数器有哪几种工作方式？各有什么特点？适用于什么应用场合？

解：有四种工作方式：方式 0，13 位定时器/计数器；方式 1，16 位定时器/计数器；方式 2，可重装初值的 8 位定时器/计数器；方式 3，两个 8 位的独立定时器/计数器。

8．设某单片机的晶振频率为 12 MHz，定时器/计数器 T0 工作于定时方式 1，定时时间为 20 μs；定时/计数器 T1 工作于计数方式 2，计数长度为 100，请计算 T0、T1 的初始值，并写出其控制字。

解：T0 的初始值 $X=2M-f_{osc} \times t/12=2^{16}-12 \times 10^6 \times 20 \times 10^{-6}/12=65536-20=65516=0FFECH$

T1 的初始值 $X=2M-N=2^8-100=256-100=156=9CH$；控制字为 01100001B=61H。

9．简述串行口接收和发送数据的过程。

解：串行口的接收和发送是同一地址(99H)两个物理空间的特殊功能寄存器 SBUF 进行读或写的。当向 SBUF 发出"写"命令时，即向发送缓冲器 SBUF 装载并开始由 TXD 引脚向外发送一帧数据，发送完毕后中断标志位 TI=1。在满足 RI=0 的条件下，置允许接收 REN=1，就会接收一帧数据进入移位寄存器，并装载到接收 SBUF 中，同时使 RI=1。当发读 SBUF 命令时，便由接收缓冲器 SBUF 取出信息，通过内部总线送至 CPU。

10．MCS-51 串行口有几种工作方式？有几种帧格式？各工作方式的波特率如何确定？

解：有 4 种工作方式：方式 0(8 位同步移位寄存器)；方式 1(10 位异步收发)；方式 2(11 位异步收发)；方式 3(11 位异步收发)。

有 2 种帧格式：10 位和 11 位。

方式 0：波特率=$f_{osc}/12$

方式 2：波特率=$2^{SMOD} \times f_{osc}/64$

方式 1 和方式 3：波特率=$2^{SMOD} \times f_{osc}/32/12(256-x)$

定时器 T1 用作波特率发生器时通常选用工作模式 2。

第 4 章

1. 在 MCS-51 单片机中，数据类型为常量和变量是如何定义的？需要注意哪些问题？

解： 常量就是在程序运行过程中不能改变值的量，而变量是能在程序运行过程中不断变化的量。变量的定义能使用所有 MCS-51 编译器支持的数据类型，而常量的数据类型只能是整型、浮点型、字符型、字符串型和位标量。

2. 常用的程序结构有哪几种？特点如何？

解： 有四种程序结构：

(1) 顺序程序结构：顺序结构是按照逻辑操作顺序，从某一条指令开始逐条顺序进行，直到某一条指令为止，比如数据传送与交换、查表程序和查表程序的设计等。在顺序结构中没有分支，也没有子程序，但它是组成复杂程序的基础和主干。

(2) 分支程序结构：它的主要特点是程序执行流程中必然包含有条件判断指令，符合条件要求的和不符条件合要求的有不同的处理程序。

(3) 循环程序结构：它在本质上只是分支程序中的一个特殊形式，它由循环初始化、循环体、循环控制和结束部分构成。在循环次数已知的情况下，采用计数循环程序，其特点是必须在初始部分设定计数的初始值，循环控制部分依据计数器的值决定循环次数，根据控制循环结束的条件，决定是否继续循环程序的执行。

(4) 子程序：它的主要特点是在执行过程中需要由其它的程序来调用，执行完后又需要把执行流程返回到调用该子程序的主程序。

3. 子程序调用时，参数的传递方法有哪几种？

解： 在 80C51 单片机中，子程序调用时，参数的传递方法由三种：

(1) 利用累加器 A 或寄存器。

(2) 利用存储器。

(3) 利用堆栈。

4. 什么叫堆栈？堆栈指针 SP 的作用是什么？

解： 堆栈是在 RAM 专门开辟的一个特殊用途的存储区。堆栈是按照"先进后出"的原则存取数据。堆栈指针 SP 是一个 8 位寄存器，其值为栈顶的地址，即指向栈顶，SP 为访问堆栈的间址寄存器。

5. 在 MCS-51 中，函数返回值传递的规则是什么？

解： (1) 调用时参数传递。分三种情况：少于等于 3 个参数时通过寄存器传递(寄存器不够用时通过存储区传递)，多于 3 个时有一部分通过存储区传递，对于重入函数参数通过堆栈传递。通过寄存器传递的速度最快。(2) 函数返回值的传递。当函数有返回值时，其传递都是通过寄存器。

第 5 章

略。

第 6 章

1. 电路如习题图 1 所示，试用 AT89S51 单片机编写一个二极管闪烁驱动程序，晶振振荡频率为 12 MHz，要求在 P1.0 端口上接一个发光二极管 L1，使 L1 不停地一亮一灭，一亮一灭的时间间隔为 0.2 s。

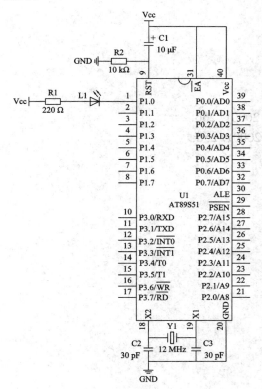

解：

参考程序：

```
#include<reg51.h>
sbit LED = P1^0;
void delay02s(void)
{
    unsigned char i,j,k;
    for(i=20;i>0;i--)
    for(j=20;j>0;j--)
    for(k=248;k>0;k--);
}
void timer0_ist() interrupt 1
{
    unsigned char cp;
    TH0 = (65536 - 2000) / 256;
```

```
        TL0 = (65536 - 2000) / 256;
        cp ++;
        if(cp >= 100)
        cp = 0;
        LED = !LED;
        delay02s();
    }
void timer0_init()
{
        TMOD = 1;
        TH0 = (65536 - 2000) / 256;
        TL0 = (65536 - 2000) / 256;
        IT0 = 1;
        EA = 1;
        EX0 = 1;
        ET0 = 1;
        TR0 = 1;
}
void main(void)
{
        timer0_init();
        while(1);
}
```

2. 电路如习题图 2 所示，试用 AT89S51 单片机编写开关监视程序，晶振振荡频率为 12 MHz，监视开关 S1(接在 P3.0 端口上)，用发光二极管 L1(接在单片机 P1.0 端口上)显示开关状态，如果开关合上，L1 亮；开关打开，L1 熄灭。

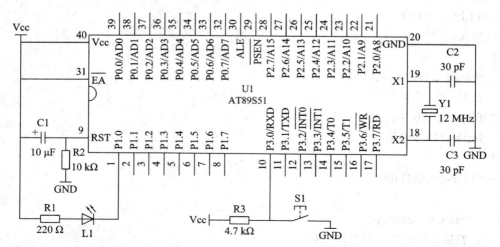

解：

参考程序：

```c
#include<reg51.h>
sbit LED = P1^0;
sbit k1 = P3^0;
void main(void)
{
    while(1)
    {
        if(k1 == 0)
        LED = 0;
        if(k1 == 1)
        LED = 1;
    }
}
```

3. 电路如习题图 3 所示，试用 AT89S51 单片机编写四路开关状态监视程序，将开关的状态反映到发光二极管上(开关闭合，对应的灯亮；开关断开，对应的灯灭)。晶振振荡频率为 12 MHz，要求四个发光二极管 L1～L4 接在端口 P1.0～P1.3 上，四个开关 S1～S4 接在端口 P1.4～P1.7 上。

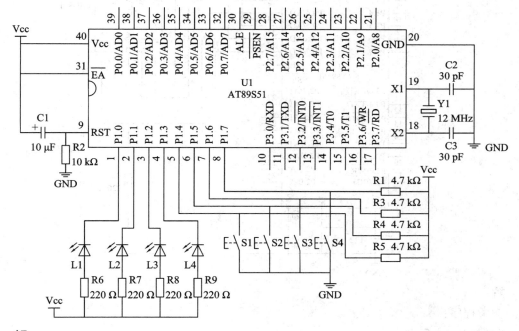

解：

参考程序：

```c
#include <reg51.H>
```

```c
unsigned char t;
void main(void)
{
    while(1)
    {
        t=P1>>4;
        t=t | 0xf0;
        P1=t;
    }
}
```

4. 电路如习题图 4 所示，试利用 AT89S51 单片机的 P0 端口驱动一个共阴数码管，并在数码管上循环显示 0～9 数字，时间间隔为 0.2 s。

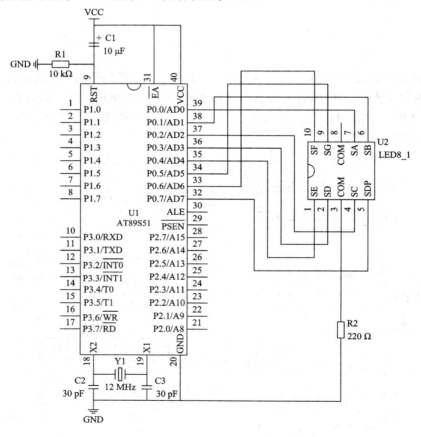

解：

参考程序：

```c
#include<reg51.h>
code unsigned char seven_seg[] ={0x3f,0x06,0x5b,0x4f,0x66,0x6d,0x7d,0x07,0x7f,0x6f} ;
unsigned char i;
```

```
void delay02s(void)
{
    unsigned char i,j,k;
    for(i=20;i>0;i--)
    for(j=20;j>0;j--)
    for(k=248;k>0;k--);
}
void main(void)
{
    P2 = 0x01;
    while(1)
    {
        P0 = seven_seg[i];
        delay02s();
        i ++;
        if(i > 9) i = 0;
    }
}
```

5. 试利用定时器/计数器 T1 产生定时时钟，由 P1 口控制 8 个发光二极管，使 8 个指示灯依次一个一个闪动，闪动频率为 10 次/s(8 个灯依次亮一遍为一个周期)。

解：

参考程序：

```
#include<reg51.h>
code unsigned char LED[] ={0x01,0x02,0x04,0x08,0x10,0x20,0x40,0x80};
void timer0_ist() interrupt 1
{
    unsigned char cp,i;
    TH0 = (65536 - 50000) / 256;
    TL0 = (65536 - 50000) % 256;
    cp ++;
    if(cp >= 2)
    cp = 0;
    P1 = ~LED[i];
    i ++;
    if(i > 7) i = 0;
}
void timer0_init()
{
```

```
TMOD = 1;
TH0 = (65536 - 50000) / 256;
TL0 = (65536 - 50000) % 256;
EA = 1;
ET0 = 1;
TR0 = 1;
}
void main(void)
{
    timer0_init();
    while(1);
}
```

第 7 章

1. 电路如习题图 1 所示，试用 AT89S51 单片机编写一个按键符号显示程序，其晶体振荡频率为 12 MHz，要求 P3 口作为 4×4 矩阵键盘的输入，P0 口作为输出，并在数码管上显示每个按键的 "0～F" 符号。

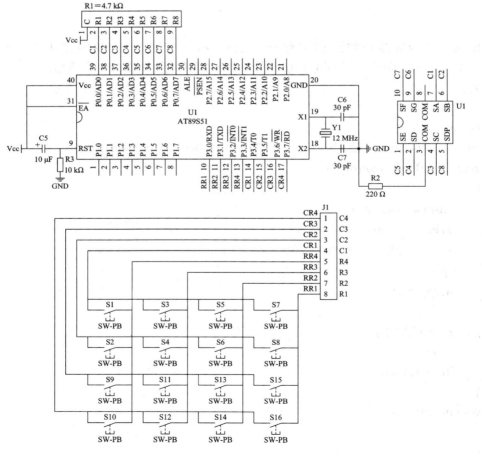

解:

参考程序:

```c
#include<reg51.h>
#define uchar unsigned char
#define uint unsigned int
uchar k = 8;
code unsigned char fifteen_seg[] ={0xc0,0xf9,0xa4,0xb0,0x99,0x92,0x82,0xf8,0x80,0x90,
0x88,0x83,0xc6,0xa1,0x84,0x8e};
code key_scan[] ={0x7f,0xbf,0xdf,0xef};
code key_temp_scan[]  ={0xee,0xed,0xeb,0xe7,0xde,0xdd,0xdb,0xd7,0xbe,0xbd,0xbb,
0xb7,0x7e,0x7d,0x7b,0x77};
void delay(uint x)
{
    while(x --);
}
void display()
{
    P2 = 0xfe;
    P0 = fifteen_seg[k];
}
void main(void)
{
    uchar i,j   ;
    while(1)
    {
        P3 = key_scan[i];
        i++;
        if(i >= 4)i = 0;
        if(P3 != key_scan[i])
        {
            delay(100);
            for(j = 0;j <= 16;j++)
            {
                if(P3 == key_temp_scan[j])
                k = j;
                display();
            }
        }
    }
}
```

```
}
```

2. 电路如习题图 2 所示，试用 AT89S51 单片机编写一个产生"嘀、嘀、……"的报警声程序，其晶体振荡频率为 12 MHz，要求从 P1.0 端口输出频率为 1 kHz 的方波信号作为其报警驱动信号。

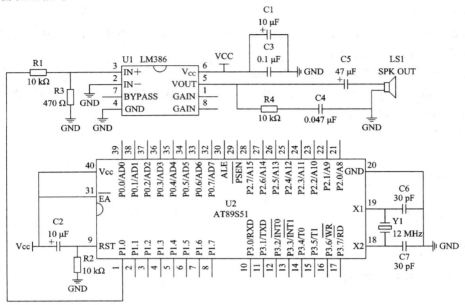

解：
参考程序：
```c
#include <reg51.h>
sbit P1_0 = P1^0;
unsigned int t1;
bit flag;
void timer0_init(void)
{
    TMOD=0x01;
    TH0=(65536-500)/256;
    TL0=(65536-500)%256;
    TR0=1;
    ET0=1;
    EA=1;
}
void timer0_isr(void) interrupt 1 using 0
{
    TH0=(65536-500)/256;
    TL0=(65536-500)%256;
```

```
        t1++;
        if(t1>2)
        {
            t1=0;
            flag=~flag;
        }
        if(flag==0)
        {
            P1_0=~P1_0;
        }
}
void main(void)
{
    timer0_init();
    while(1);
}
```

3. 电路如习题图 3 所示，试用 AT89S51 单片机编写一个柱形显示图形程序，其晶体振荡频率为 12 MHz，要求在 8×8 LED 点阵上显示，且图形先从左到右平滑移动三次，接着从右到左平滑移动三次，其后从上到下平滑移动三次，最后从下到上平滑移动三次，如此循环下去。

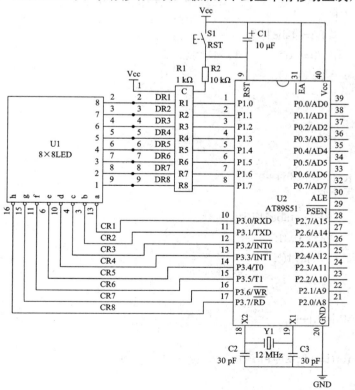

解:

参考程序:

```c
#include <reg51.h>
unsigned char code tabe1[]={0xfe,0xfd,0xfb,0xf7,0xef,0xdf,0xbf,0x7f};
unsigned char code tabe2[]={0x01,0x02,0x04,0x08,0x10,0x20,0x40,0x80};
void delay1(void)
{
    unsigned char i,j,k;
    for(k=10;k>0;k--)
    for(i=20;i>0;i--)
    for(j=248;j>0;j--);
}
void main(void)
{
    unsigned char i,j;
    while(1)
      {
        for(j=0;j<3;j++)
          {
            for(i=0;i<8;i++)
              {
                P2=~tabe1[i];
                P0=0xff;
                delay1();
              }
          }
        for(j=0;j<3;j++)
          {
            for(i=0;i<8;i++)
              {
                P2=~tabe1[7-i];
                P0=0xff;
                delay1();
              }
          }
        for(j=0;j<3;j++)
          {
            for(i=0;i<8;i++)
              {
```

```
                    P2=0xff;
                    P0=tabe2[7-i];
                    delay1();
                }
        }
    for(j=0;j<3;j++)
        {
            for(i=0;i<8;i++)
                {
                    P2=0xff;
                    P0=tabe2[i];
                    delay1();
                }
        }


        }
    }
```

4. 电路如习题图 4 所示，试用 AT89S51 单片机编写一个动态数码显示程序，其晶体振荡频率为 12 MHz，要求 P0 口接动态数码管的段选择端，P2 口接动态数码管的位选择端，P1.7 接一个开关，当开关接通高电平时，显示"12345"字样；当开关接通低电平时，显示"HELLO"字样。

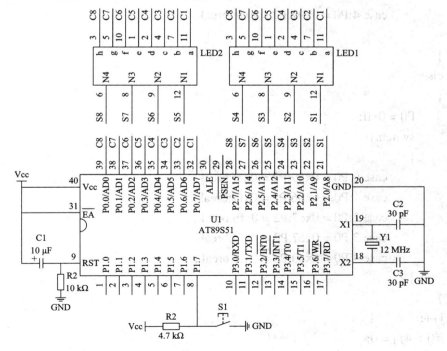

解：

参考程序：

```c
#include <reg51.H>
sbit P1_7 = P1^7;
char j;
//unsigned char code table1[]={0xf9,0xa4,0xb0,0x99,0x92};
//unsigned char code table2[]={0x87,0x86,0xc7,0xc7,0xc0};
void delay(unsigned int x)
{
    while(x--);
}
void display()
{
    if(P1_7 == 1)
    {
        P0 = 0xff;
        switch(j)
        {
            case 0:P0 = 0xf9;P2 = 0xef;break;
            case 1:P0 = 0xa4;P2 = 0xf7;break;
            case 2:P0 = 0xb0;P2 = 0xfb;break;
            case 3:P0 = 0x99;P2 = 0xfd;break;
            case 4:P0 = 0x92;P2 = 0xfe;break;
        }
    }
    else
    {
        P0 = 0xff;
        switch(j)
        {
            case 0:P0 = 0x89;P2 = 0xef;break;
            case 1:P0 = 0x86;P2 = 0xf7;break;
            case 2:P0 = 0xc7;P2 = 0xfb;break;
            case 3:P0 = 0xc7;P2 = 0xfd;break;
            case 4:P0 = 0xc0;P2 = 0xfe;break;
        }
    }
    j++;
    if(j > 4) j = 0;
```

```
}
void main()
{
    while(1)
    {
        display();
        delay(300);
    }
}
```

5. 电路如习题图 5 所示，试用 AT89S51 单片机设计一个数字钟显示程序，其晶体振荡频率为 12 MHz，要求开机时显示 12:00:00，并从其时间开始计时，P0.0 控制"秒"的调整，每按一次加 1 秒；P0.1 控制"分"的调整，每按一次加 1 分；P0.2 控制"时"的调整，每按一次加 1 个小时；P1.0～P1.7 端口作为"动态数码显示"的段选；P3.0～P3.7 端口作为"动态数码显示"的位选。

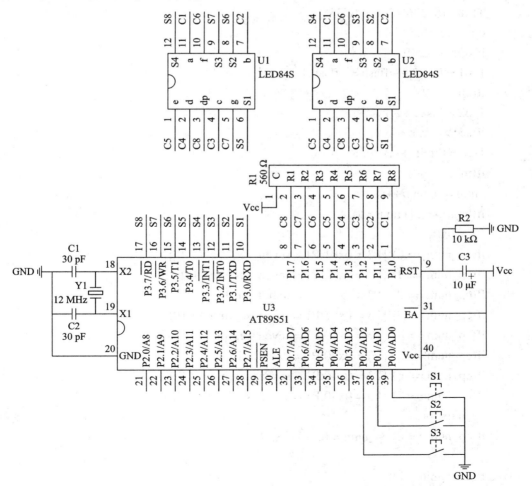

解：

参考程序：

```c
#include<reg51.h>
sbit key1 = P0^0;
sbit key2 = P0^1;
sbit key3 = P0^2;
unsigned char cp1,cp2,sec = 0,min = 0,hour = 12,cp_num,flash;
unsigned char seven_seg[] = {0xc0,0xf9,0xa4,0xb0,0x99,0x92,0x82,0xf8,0x80,0x90};
void delay(unsigned int x)
{
    while(x --);
}
void timer0_isr(void) interrupt 1
{
    TH0 = (65536 - 2000) / 256;
    TL0 = (65536 - 2000) % 256;
    cp1 ++;
    if(cp1 >= 250)
    {cp1 = 0;cp2 ++;flash = ~flash;}
    if(cp2 >= 2)
    {cp2 = 0;sec ++;}
    if(sec >= 60)
    {sec = 0;min ++;}
    if(min >= 60)
    {min = 0;hour ++;}
    if(hour >= 24) hour = 0;
    P1 = 0xff;
    if(cp_num == 0) {P3 = 0x01;P1 = seven_seg[sec % 10];}
    if(cp_num == 1) {P3 = 0x02;P1 = seven_seg[sec / 10];}
    if(cp_num == 2) {P3 = 0x04;P1 = 0xbf|flash;}
    if(cp_num == 3) {P3 = 0x08;P1 = seven_seg[min % 10];}
    if(cp_num == 4) {P3 = 0x10;P1 = seven_seg[min / 10];}
    if(cp_num == 5) {P3 = 0x20;P1 = 0xbf|flash;}
    if(cp_num == 6) {P3 = 0x40;P1 = seven_seg[hour % 10];}
    if(cp_num == 7) {P3 = 0x80;P1 = seven_seg[hour / 10];}
    cp_num ++;
    if(cp_num >= 8) cp_num = 0;
}
void timer0_init(void)
```

```
    {
        TMOD = 1;
        TH0 = (65536 - 2000) / 256;
        TL0 = (65536 - 2000) % 256;
        EA = 1;
        ET0 = 1;
        TR0 = 1;
    }
    void main(void)
    {
        timer0_init();
        while(1)
        {
                if(key1 == 0)
                {
                    delay(200);
                    if(key1 == 0)
                    {
                            while(key1 == 0);
                            sec ++;
                            if(sec >= 60) sec = 0;
                     }
                }
                if(key2 == 0)
                {
                    delay(200);
                    if(key2 == 0)
                    {
                            while(key2 == 0);
                            min ++;
                            if(min >= 60) min = 0;
                     }
                }
                if(key3 == 0)
                {
                    delay(200);
                    if(key3 == 0)
                    {
                            while(key3 == 0);
```

```
                    hour ++;
                    if(hour >= 60) hour = 0;
                }
            }
        }
    }
```

参 考 文 献

[1]　白林峰，曲培新，左现刚. 单片机开发入门与典型设计实例. 北京：机械工业出版社，2013

[2]　袁涛，李月香，杨胜利编著. 单片机原理及其应用. 北京：清华大学出版社，2012

[3]　唐颖. 单片机技术及 C51 程序设计. 北京：电子工业出版社，2012

[4]　杨打生，宋伟. 单片机 C51 技术应用. 北京：北京理工大学出版社，2011

[5]　张先庭，向瑛，王忠，周传璘. 单片机原理、接口与 C51 应用程序设计. 北京：国防工业出版社，2011

[6]　陈涛. 单片机应用及 C51 程序设计. 北京：机械工业出版社，2008

[7]　杨俊，周阳阳. 单片机原理与实践教程. 北京：清华大学出版社，2011

[8]　赵俊生. 单片机技术应用与实训. 北京：国防工业出版社，2011

[9]　于忠得. 单片机原理与工程设计实例. 北京：清华大学出版社，2011

[10]　肖婧. 单片机系统设计与仿真. 北京：北京航空航天大学出版社，2010

[11]　马忠梅. 单片机的 C 语言应用程序设计. 北京：北京航空航天大学出版社，2007

[12]　张毅刚. 新编 MCS-51 单片机应用设计. 哈尔滨：哈尔滨工业大学出版社，2003

[13]　求是科技. 8051 系列单片机 C 程序设计. 北京：人民邮电出版社，2006

[14]　谭浩强. C 程序设计. 北京：清华大学出版社，1991

[15]　郭天祥. 新概念 51 单片机 C 语言教程. 北京：电子工业出版社，2009

[16]　张文. PROTEUS 仿真软件应用. 武汉：华中科技大学出版，2010

[17]　周润景，张丽娜，刘印群. PROTEUS 入门实用教程. 北京：机械工业出版社，2007

[18]　陈忠平. 基于 Proteus 的 51 系列单片机设计与仿真. 北京：电子工业出版社，2012

[19]　陈海宴. 51 单片机原理及应用——基于 KEIL C 与 PROTEUS. 北京：北京航空航天大学出版社，2010

[20]　彭伟著. 单片机 C 语言程序设计实训 100 例：基于 8051+Proteus 仿真. 北京：电子工业出版社，2009